推开心理诊室的门

心理咨询普及作品

刘仲彬 著

国际文化出版公司
· 北京 ·

图书在版编目（CIP）数据

推开心理诊室的门 / 刘仲彬著. -- 北京 ：国际文化出版公司，2021.11
ISBN 978-7-5125-1354-9

Ⅰ. ①推… Ⅱ. ①刘… Ⅲ. ①心理学－通俗读物 Ⅳ. ①B84-49

中国版本图书馆CIP数据核字(2021)第214385号

推开心理诊室的门

作　　者	刘仲彬	
总 策 划	鲁良洪	
责任编辑	王逸明	
统筹监制	阴保全	
品质总监	张震宇	
封面设计	彭振威设计事务所	
插图设计	孙不同	
出版发行	国际文化出版公司	
经　　销	国文润华文化传媒（北京）有限责任公司	
印　　刷	三河市华晨印务有限公司	
开　　本	880毫米×1230毫米	32开
	10印张	180千字
版　　次	2021年11月第1版	
	2021年11月第1次印刷	
书　　号	ISBN 978-7-5125-1354-9	
定　　价	59.00元	

国际文化出版公司
北京朝阳区东土城路乙9号　　邮编：100013
总编室：（010）64270995　　传真：（010）64271578
销售热线：（010）64271187　64279032
传真：（010）84257656
E-mail：icpc@95777.sina.net

个人感受和情感在人际关系中的位置，一直困扰着当下的年轻人，生活中常常会看到他们陷入表面上的快乐，而忽视了对方内心深处的感受和情感，忽视了亲密关系的需求，使得亲密关系陷入困境。而他们自己却以为所经历的痛苦和烦恼都是对方的过错，在痛不欲生时却不懂得如何求助。

作为一个儿童教育工作者，看到这种情况常常感到惋惜，如果这些年轻人，在童年的时候，有懂得一些心理知识的人，给他们一个混龄的群体，给他们一点社会性能力的建构，使得他们在玩耍中练习一下脱离以自我为中心，现在当他们遇到心理困境时，就不会以为自己走入了死胡同 。

我建议，无论你有多大年龄，如果遇到了困境，请回到当初的成长，回到原生家庭，回到最开始的人格构建，去寻找那个根，在根上下功夫去探索。只要开始了这种探索，你就会实现自我疗愈，并且会找到走出困境的方法。我相信，这也是作者希望读者通过阅读本书掌握的一种心理“技能”。

——儿童教育专家、畅销书《关键期关键帮助》作者 李跃儿

生活中所有关于“寻找”与“失落”的故事，都能够在心理学里找到答案。遇到困惑了，不如来看看这些发生在心理诊室里的小故事，或许，你的思路会由此打开，你的人生也开始峰回路转。

——心理咨询师 尹绍雅

阅读《推开心理诊室的门》，其实不是“推销”读者去找心理医生，而是通过阅读，提升我们对自身心理健康的关注和觉察，并从中领悟或获取到一些“自助之道”。

——北京大学心理学副教授 钟杰

人格是一个人固定的行为模式及在日常活动中待人处事的习惯方式，是全部心理特征的综合。

人格始于童年，固于一生，一旦出现偏离便很难纠正。我们可以用药物治疗症状，却无法用药物改变人格。

精神心理医生常说，宁可治疗十个重症精神障碍也不愿接诊一个人格障碍患者。可见其难度之大。

人格障碍像一潭黑水，表面波澜不惊实则暗潮涌动，慢慢侵蚀着周遭的一切亲密关系，亲人、爱人、心理治疗师。

疗愈人格障碍患者是个抽丝剥茧的过程，我们像爱护一团随时会炸起的暗刺，把他（或她）成长中导致异常人格形成的每道荆棘一点点抚平，用一生治愈童年。

——中央人民广播电台《王冠红人馆》资深嘉宾、

北京回龙观医院精神科医生 林中小路

做了数百个女性成长的心理咨询个案，我能感受到，当下女性对于成长的渴望，她们想要变得更好。因为女性在成为母亲后，要承担更多的育儿责任，在职场也要顶起半边天，和男性一样拼搏奋斗。所以，她们选择走进咨询室，想获得改变和突破。而我有幸能成为她们的咨询师，和她们一起走过一段艰难且浪漫的自我探寻和觉醒的成长之旅。

——心理咨询师 芳妮

当下来访的年轻人情绪越发呈为负值，他们容易被负性情绪包裹，也习惯了这种包裹。因为他们通常在诉说或表达这些负性情绪时不被理解甚至被拒绝，没有人在意或去探寻负性情绪背后的真相。《推开心理诊室的门》不仅是一本讲述心理案例的书，更是一本探寻情绪真相的书，以生动形象的语言戳中你、治愈你、改变你，给你成长的力量！

——广安门医院心理科主治医师 张锦花

这本由心理师刘仲彬所撰写的书，你把它看成是故事也好，看成小说、散文也好，不管是哪一类，我认为前头可以加上“知识”两个字，因为每一篇故事里面都承载着一定程度的心理学知识。

人是最喜欢听故事的，就像你在路上看或听到别人讲八卦时，耳朵会竖起来偷听一样。这本书也描述着许许多多“人”的故事，让人读来饶有趣味，但背后并不只是好笑而已，透过这些故事，可以让读者很快地理解到某些心理学知识的内涵。

——台湾应用心理学会理事长 蔡宇哲

目 录 / 1

目　录 / 2

中篇

自我的困境 / *093*

下篇

生活的勇气 / *185*

序言

如何获得有质量的心理健康服务？

当今社会正在急剧改变，高强度的工作压力和生活变化导致人们出现心理适应困难和各种心身症状，每个大、中城市中因心理疾患（或心理问题)而向心理医生求助的人数都在不断增加，“心理健康”“抑郁症”“焦虑症”等名词已经成为普通老百姓熟知的词汇。人们的“心理问题”或“心理创伤”成为影视剧中一个“抢眼”的主题。然而，当人们开始正视自己的心理问题，开始寻求专家帮助时，会遇到一个问题：如何寻找合格心理医生，很多“资深”的求助者会有深刻体会——寻找一个能治好自己心病的心理医生恐怕比寻找一个合适的结婚对象都难！

“心理医生”是老百姓通俗的叫法。在行业内，有几类人都隶属“心理医生”范畴：心理咨询师（counselor）、心理治疗师（psychotherapist）、临床心理学家（clinical psychologist）以及一部分受过心理咨询或心理治疗专业训练的社工人员（social worker）和精神科医生（psychiatrist）。

心理咨询师主要服务对象是心理问题较轻的人，特别是不构成心理疾病诊断的一些问题，比如在婚恋、学习、工作或社交上遇到一些情绪困扰。目前我国的心理咨询师是在非医疗机构执业，依据《精神卫生法》（2013 年 5 月 1 日施行），心理咨询师不能对来访者进行精神科诊断和从事所谓的“心理治疗”。

心理治疗师主要服务对象是心理问题较重但不是精神病的人，特别是已经构成一些心理疾患诊断的人，比如：焦虑症、抑郁症、强迫症、人格障碍等，这些疾病不是精神分裂症，患者大多能觉察到自己有心理问题并愿意寻求专业帮助。他们一般在医院心理科工作，但目前卫生系统还没有专门的职业设定，心理治疗师属于卫生系统的“技师”系列，与放射科技师类似。

临床心理学家一般具有心理治疗的能力，同时他做一些相关领域的科研工作，他们通常在高校从事心理治疗、心理咨询和心理病理学的教学、实践和科研工作，一些接受过系统心理治疗专业训练的医学心理学的教师也隶属此类。

精神科医生主要对严重的精神病（主要包括：精神分裂症、情感障碍）进行药物治疗，他们中有一小部分人同时也接受过系统心理治疗专业训练，因此在精神专科门诊也从事心理治疗（但这类医生一般不会给心理治疗患者开药，或者会让其他精神科同事给该患者开药，以严格区分心理治疗师和精神科医生的角色）。

社工人员是做社区健康促进工作的专业人员，在美国，家庭和婚姻心理咨询是起源于社工人员的。中国接受过系统心理治疗专业训练的社工人员很少，一般分布在一些较好的社会团体、民政系统或非政府组织。

值得注意的是：无论这些“专家”如何介绍自己，只有受过专门心理治疗或心理咨询专业训练的人员才可以算作是“心理医生”。

合格的“心理医生”通常是如何培养的？

以上这些专业人员无论名称如何叫，但是要从事心理咨询或治疗工作，均需要一个类似的选拔与专业培养过程，这个过程大致如下：

第一　选拔

合格的心理医生在进入职业培养过程前，需要有基本的选拔：

（一）1. 获得国家教育部认可的心理学专业的学士学位（第一学位）；或 2. 获得国家教育部认可的医学学士学位（第一学位）；或 3. 获得国家教育部认可的心理学专业第二学士学位，并提供国家教育部认可高校的心理学系以下课程的修课合格证明：普通心理学、实验心理学、发展心理学、社会心理学、心理统计、人格心理学、变态心理学、心理测量；或 4. 获得国家教育部认可的其他学士学位，并提供国家教育部认可高校的心理学系上述课程的辅修合格证明。

（二）没有严重的心理问题，比如：严重的人格障碍、精神病、躁抑症。

（三）在识别他人情绪和认知的能力上没有严重缺陷，具有良好的观察能力、沟通和人际交往能力、内省能力、共情能力、团队协作能力。

第二　专业培养

一个合格的心理医生培养过程包括三个部分：

（一）课程：主要学习基础心理学知识和心理咨询的专业知识和技能，大约需要 30 － 40 门相关课程（900 － 1200 课时）的学习（包括本科和研究生阶段）；

（二）实习：在老师的督导下至少从事 1 － 2 年（在督导下从事 250 小时以上的个体心理咨询）的心理咨询或心理治疗实践；

（三）接受自我体验：就是接受心理治疗，这个是合格的心理医生为了从事这个职业必须要接受的一个特殊的培训过程，因为只有接受了足够的心理治疗后，心理医生才可以觉察自己的问题，不把无意识中的个人问题带入自己的心理咨询工作中，就像外科医生进入手术室要做好消毒一样。在德国，凡是要从事心理咨询或治疗工作的人，无论什么治疗取向或学派的（德国的科学委员会认定科学心理治疗流派有四个：精神分析与心理动力治疗、认知和行为治疗、人本主义治疗、系统家庭治疗，社保支付费用的是前两个），都至少要接受 120 小时以上的自我体验，否则无法拿到从业执照。

第三　接受继续教育

这是心理医生保持职业能力和资格的必然途径。心理咨询或心理治疗是一个要求很高的智力工作，行业的发展非常迅速，心理医生需要不断学习新技术和新方法，需要经常接受专业学习和督导，同时通过各种专业活动（被治疗、团体互助小组等）保持自身心理健康。

第四　职业伦理监控

对职业伦理的学习和遵守是一个心理医生在整个职业生涯期间都需要做的。在美国和欧洲，对心理医生的职业行为都有严格的伦理规定，我国这一方面刚刚起步（我国第一个专业工作伦理守则可在网站 www.chinacpb.net 查阅）。

从以上流程不难看出：培养一个合格“心理医生”的困难程度与培养一个心脏外科医生的难度是相当的。

如何识别你的“心理医生”是否专业合格？

那么，如何识别你的心理医生是否专业合格呢？可以通过以下方面识别：

学历及专业课程的学习：一般来说，获得心理学或医学本科及以上学位、再加上较系统的心理咨询或治疗专业课程的学习，这是做一个合格心理医生的先决条件，前者证明其有学习能力，后者证明其具备足够的专业知识。

接受专业督导和实习的经历：合格的心理医生在其专业受训经历中，必然有较长时间的实习和接受督导的过程，一般不会少于 250 个做心理咨询的小时数（注意：是在督导下从事的这个心理咨询实践）。指导其实习的督导老师应该是在业界内被认可的。

接受自我体验的小时数：无论这个心理医生多么聪明或有名气，接受心理治疗（被治疗）是必须的。一般来说，一个心理医生接受心理治疗的小时数与其对人对己的心理觉察能力是呈正比的，这是一个合格心理医生的必要能力。接受过较长时间心理治疗的心理医生是很少的，因此这个可以作为一个重要的判断标志。如果一个心理医生告诉你他从来没有“被心理治疗”过，那么你还是不要走进他的诊室为好。

是否被专业社团认可：通俗的说，就是他是否是这个职业的“圈内人”。因为“圈内人”大多都遵守职业伦理（如果严重违反职业伦理就会被清除，这是很丢脸的）。目前比较可靠、有口碑的专业组织是“中国心理学会临床与咨询心理学专业机构和专业人员注册系统”（www.chinacpb.net）。社团的约束，让心理医生不会对求助者“乱来”。例如，心理咨询师一般不会给自己的亲戚和朋友做所谓的心理咨询或治疗，这就是因为职业伦理的限制，在行业内叫作“避免多重关系”。在被媒体参访或参加公众媒体活动时，心理医生说话会很小心，会避免谈及自己来访者或患者的私人信息，更不会在媒体的聚光灯下从事催眠、心理咨询或心理治疗的专业工作，因为这样无法保护来访者的隐私，甚至会对来访者或患者带来伤害。

记住：合格的心理医生会提供（或告知）求助者他的学历、专业受训背景（包括被治疗的时间）、专业资质以及收费标准等信息，而获知（并在心理医生帮助下有效理解）这些信息是求助者的基本权力。如果你无法从心理医生那里获取这些信息，那么还是不要去冒险的好，谁想走进“手术室”却无法健康地回到亲友身边呢？

因此，请远离具有以下伦理失范行为的“心理咨询师”（依据《中国心理学会临床与咨询心理学工作伦理守则（第二版）》，中国心理学会，2018 年 2 月）：

1. 不诚信或不实介绍自己职业状态和专业受训情况的。

2. 兜售“疗程”或提前收一笔咨询费的（医院系统采取前端收费一次的除外）。

3. 自行增加咨询时间并收费的。

4. 接待来访者无稳定设置，见面的时间、频率、时长、地点随意变动的。

5. 经常吹嘘自己的“咨询效果”好，或直接保证“咨询效果”的。

6. 从没有接受过督导监管下的实习，开业后也从来不接受案例督导的。

7. 自称属于某一个学派，却从没有接受该学派系统训练的。

8. 自创“学派或理论”后立即用之进入实践，但从来没有对其进行过科学性和有效性检验的。

9. 经常在各类媒体或自媒体谈论自己的个案情况的（哪怕是对个案进行了匿名）。

10. 频繁出现在各类电视节目，不负责任地在节目中使用各种心理测评或评价技术的。

11. 过份讨好来访者或总是直接满足来访者各种不合理要求的。

12. 对来访者进行心理打击或情感操控来访者的。

13. 收费超过当地平均心理咨询收费水平 2 倍以上的。

14. 每周做“专业培训”的时间超过其做心理咨询实践的工作时间的。

15. 做科研和教学的心理学家一周见来访者的时间少于 8 个小时。

16. 年龄 68 岁以上还在接待新来访者或病人的。

17. 其工作室挂满了与各类名人、专家的合照的。

18. 只做网络心理咨询不做当面咨询的。

19. 没有直接依托或挂靠在合法心理咨询范围的机构的。

20. 同时对你和你的家人、密友做个体咨询的（不是家庭治疗或夫妻咨询）。

21. 在咨询场合外与来访者或病人约会（过）的。

为什么我会推荐此书？

如果读者耐心读到此处，可能会感慨：找一名合格的心理医生实在是太难了！据研究，我国有 17% 左右的人符合下列一种或多种心理疾病的诊断特征（包括：焦虑障碍、情感障碍、性心理障碍、物质依赖和滥用、睡眠障碍、精神分裂症、适应障碍等常见心理疾患，不算“人格障碍”）。面对人们大量的心理健康服务需求，而且还在不断对服务质量提出要求，我们该怎么办？

当然，一方面，需要国家大力发展临床与心理学专业，不断努力培养心理健康服务的合格人才。另一方面，也需要人们能竭尽所能、通过各种渠道积极自助和自救，同时要注意科学自助。在我看来，阅读《推开心理诊室的门》，其实不是“推销”读者去找心理医生，而是通过阅读，提升我们对自身心理健康的关注和觉察，并从中领悟或获取到一些“自助之道”。如果读者能或多或少通过阅读此书达到这个目标，此书的任务我看已经完成。当然，本书无法“个体化”的针对每一位读者的问题或困扰提出解决方案，如果通过阅读后，发现自己的心理困扰还无法通过简单的自救策略去解决，则需要克服我们的“病耻感”，依照我所介绍的原则和知识，去积极获取合格有效的心理健康服务。

其实，只要我们开始关注自己的心理健康，我们就已经有了一个非常好的开始。自己的心理健康，不仅关乎自身的福祉，也关乎到家人和所有爱你的人和你爱的人的福祉！

最后，祝读者们有一个安宁、幸福、健康的心理世界！

钟杰

2021 年 11 月 1 日于北京大学哲学楼

推荐序

我认为心理学知识很有趣，因为它常常会在日常生活中获得验证。我也喜欢到处演讲，展现心理学的有用与趣味。不过呢，以前的学习过程中并不总是有趣的，常会有许多不易理解、难以记忆的内容。必须要等到理解之后，并且在生活中发现各式各样的联结，才能够体会到一番醍醐味。

当老师除了教学之外，也常常要为拥有不同知识背景的大众开办讲座，所以我常在想，有什么样的方式可以正确地传达知识，同时还要能引发人们持续地听（或看）下去。

记得小时候学历史时，总是要背诵那些朝代的名称与顺序：夏商周秦汉魏晋南北朝隋唐五代宋元明清。而哪一个皇帝在哪一位皇帝的前面还是后面，诸葛亮到底是跟刘邦还是刘备，一堆人名之间的关系根本都搞不清楚，更不用说再加入一些知名战役了。但是这一切呢，都在我读完相关历史小说之后变得豁然开朗了。我不再需要去死背那些朝代以及谁与谁之间的关系，因为它们就在故事里面，听完故事就记得了，久了以后，自然而然地就理解了内容。

将知识用故事的方法来呈现，肯定是绝佳的方法之一。

第一次遇见仲彬时，看他身材高瘦，油头大眼，穿着时尚，活脱脱是从哪个偶像剧中走出来的人物，跟我以前所遇过的心理师截然不同。开始闲聊后又发现，只要有他在的场合就一定充满欢笑，他讲起任何经历或人、事、物时，都能深深吸引众人的注意力。不仅如此，他还很幽默，与大家对一般心理师的刻板印象截然不同。于是，我内心偷偷地给他贴上一个标签：很会说故事的帅气心理师。

《推开心理诊室的门》，这本由心理师刘仲彬所撰写的书，你把它看成是故事也好，看成小说、散文也好，不管是哪一类，我认为前头可以加上“知识”两个字，因为每一篇故事里面都承载着一定程度的心理学知识。

就如同我前面所说，人是最喜欢听故事的，就像你在路上看或听到别人讲八卦时，耳朵会竖起来偷听一样。这本书也描述着许许多多“人”的故事，让人读来饶有趣味，但背后并不只是好笑而已，透过这些故事，可以让读者很快地理解到某些心理学知识的内涵。

心理学就是研究人们行为与“内在”的一门学问，因此能够用故事与对话展现出来，实在是太贴切了。

每个人的故事内容主要以风趣、诙谐的对话所构成，而当中每个人物的行为与风格都很鲜明，读的时候，仿佛眼前就浮现出书中人物的模样。像是书中出现的乐团人物：团长修哥、吉他手鼠爷、贝斯手妹子与鼓手阿达，这么一个独立乐团在城市里并不起眼，每个人在路上也都只是不会给人留下多少印象的路人，但细致去了解他们，就能够感受到深刻的生命力，以及独特的人生。

社会上对于精神疾病污名化的问题依然存在，大众对于精神疾患与情绪障碍的看法仍然很负面，认为思觉失调症（精神分裂症）个案就是有危险、抑郁的人，就是想不开，对这些人的策略就是眼不见为净。精神疾病去污名化的工作持续在进行，但进展并不容易，因为大众原本就排斥，更不要说主动去接触这方面的信息了。

幸好有了这本书。相信大家在读过以后，除了获得知识，看人也能更温柔吧。

蔡宇哲
台湾应用心理学会理事长

前言

修复所，营业中

这里是上演着悲喜戏码的小剧场、疗愈创伤的修复所，
也是欢迎来谈笑取暖的俱乐部……

这里是一家购物商场，整栋建筑物是白色的，采用会员制，办会员卡，收会员价，倘若把对面那家美式商场的英文招牌摘掉，大家从外观上来看，长得都差不多；从内部运营体制上来看，也是如此。这家商场里有许多商家，商品琳琅满目，在商场入口处张贴着一张海报，里面展示了所有商家的店长头像，并且标识了其所提供的服务项目，让你知道自己该往哪儿走。

你其实可能不太常来这家商场，因为它的消费门槛比较高，类似的本地商品，在附近的小型便利商店就能买到，会员卡也是通用的。但商场之所以为商场，购买的就是质量与规模，享受的是一条龙服务。

然而这一次，你怀着忐忑的心情踏进这家商场，因为你已经光顾便利商店好几轮了，但商品效果始终不达预期。于是在朋友的建议下，你推开玻璃门，走进那家你从来没去过，也从没想过要进去的商店。

这家店原本叫精神科，光是招牌就让人望而却步，这其中也包括你。这是一家大家最不想在门口拍照的店，但因此而耽误人生的顾客却不在少数，于是商场决定从善如流，正式更名为“身心科”。

你走进店里，发现这家店长得跟你之前常去的肝胆肠胃科好像没什么两样，里头的顾客有老人、小孩、上班族、中年妇女，却没有拿刀准备自杀或对空喃喃自语的人。这和你想象的有些落差。这些顾客也会在排队时不耐烦，也会有自己的心事，也会低头滑手机，还有一些人会到其他店门口闲晃到叫号后才走向柜台。你原本也想这样做，但你发现，不管心病或是身疾，只要踏进商场，一样都要领号码牌挑商品，没人可以跳过这些流程。至于要走进的是什么店，其实并没有人在意。

问了柜台，你才知道精神患者大概只占了顾客的两成，其他则包括情绪困扰者、老人失智者、儿童过动者、申请身障证明者以及失眠患者等，这些人长得跟你周遭的人都差不多，如果不是在这里相遇，你根本分不出他们的差别。经过店长亲切的咨询，他告诉你这家商店不只贩卖药品，还附带提供各种服务，包括“门诊服务”“日间复健服务”，以及“急性病房服务”等。

情伤，是你这次走进商店的主因。于是除了购买药品，你在店长的建议下，走到“门诊服务”专区，挑选更细致的服务项目。货架上有各种“修复工程”，工程以次计费，包括成人心理治疗、儿童心理治疗、婚姻治疗、家族治疗以及职能治疗等，由各类专业人员负责修复。你踌躇了一段时间，最后把手伸向成人心理治疗的货架，选择了放松训练疗程，地点在“修复所”。结完账后，你走出商场，拿着服务兑换券，满心期待第一次疗程。

但事情才没那么简单。

首先，你会在请病假时，碰上第一个难题：如何把诊断证明上的“身心科”三个字盖掉。毕竟对商场外头的人而言，这可能是一次“不太光彩”的交易。

等到你的主管了解你的处境后，你又会感到犹豫，因为你不知道要投入多少成本，疗效才会显现，毕竟这是一份看不见实体的商品。你没有任何前车之鉴，没有多少人会承认自己做过心理治疗，更别谈上网找心得分享。

最后，你必须面对你不想回忆的过往、不想揭开的伤疤，于是你一周又一周地推迟这份修复工程。

不可否认，若要在陌生人面前自揭疮疤，确实让人犹豫。但你担心的不只是该如何开头，还有该如何收尾。你卡在上述那些问题里进退维谷，直到一个月之后，才终于鼓起勇气，推开那家“修复所”的木门。

然后你有点吃惊。

因为修复所里头，好像也没什么特别的，说好听点是修复所，其实就是一间乏善可陈的会谈室。

先讲里头有的：有个气色不是很好的家伙，看起来才刚被前一个病人轰炸完；有着比咖啡厅逊色的摆设，两张沙发，一张圆桌，桌上有一卷快用完的卫生纸和一盏台灯，台灯上的灯罩也是在连锁家具行买的。音响喇叭传出了品位不太妙的放松音乐，更不妙的是还有个孩子正在隔壁的会谈室里崩溃大哭。

再讲里头没有的：没有贵妃椅，没有神秘的气氛，没有西装革履的治疗师，墙上甚至连一幅应景的画都没有，只有一张主题为医患沟通的公益海报。

以上这些有的没的，都在摧毁你关于“心理治疗”四个字的优雅幻想，但非常抱歉，这才是心理治疗的实况。

在这道木门的后面，没有奇迹，没有魔法棒，只有一回又一回的探询、一道又一道的攻防、一场又一场的硬仗，而且坐在你对面的那个家伙还常吃败仗，毕竟修复心灵比修复身体吃亏的地方在于，这件事看不到实际的进度。

至于这个常吃败仗的家伙，就叫“临床心理师”。嗯，全衔有点拗口，由于专长是心理治疗与评估，他经常被称为心理医师，但他其实不是什么“心理医师”（台湾只有精神科医师），也不是什么“心理咨询师”（被诸多不做功课的戏剧所滥用的称号），人们之所以记不住，是因为同构型的职业太多，“临床心理师”这五个字很容易被淹没。

不过真正的主角，并不是这个家伙，而是这家修复所里头的每一位案主。他们时常因“犹豫”而延迟修复，但也正是因为这些犹豫，才让他们口中的故事显得更加弥足珍贵。

因此，与其说这是一本关于临床心理学的科普专著，毋宁说是一场在会谈室里进行心灵修复的实况直播，它产出的目的，就是帮助大家推开这道木门，一窥修复所里的全貌。透过每一回合的问答攻防，展示不被理解的伤，任何技巧都是其次，生命脉络才是故事的里子。两张沙发的距离，可以是上演悲喜戏码的小剧场，可以是疗愈创伤的修复所，更可以是谈笑取暖的俱乐部。

因此，无论会谈室的名衔如何转换，只要故事能够推进，生命的纵深就能往下拓勘。站在巨人的肩上，我们把世界看得更远，推开会谈室的门，我们把人性探得更深，能够坐在这两条轴线交会的方寸之间，借由语言的往返，增加对人的理解，也是这一职业的一份幸运之处。

总之，无论是想发问的，或只是想凑个热闹的，推开门就不要犹豫，一起进来吧。

上篇

人际·情感

爱情里的理解

我们是不是忽略了？
或许，对方只想看到我们笑起来的样子……

“他真的很扯，从退伍到现在，没上过一天班，一天都没有！”

食指敲击桌面的声音不断往我身上逼近，这股波动来自我对面的女人，一位战力无上限的熟女主管。但离奇的是，整件事根本与她无关。

真正的案主，其实是坐在门外的男人，他被怀疑有“额颞叶型失智症”（Frontotemporal Dementia，简称FTD，失智症中的一种类型），早期发病时不会出现明显的记忆退化，而是性格突然转变，常见症状包括变得冷漠、语言表达不顺畅等。今天的评估已经花了一整个下午，原本我打算请男人的妻子进来澄清一下婚姻状况后就快乐收工，因此根本没料到这场单纯的失智评估，最后竟然会一路歪楼[1]，无缝接轨到婚姻治疗。

“你说嘛，退伍后不工作要干吗？我做保险的，家里又不缺钱，

1. 网络用语，指在论坛上网友评论由一个话题转移到另一个话题。——编者注，文中所有注释，如无特别说明，均为编者注，后不再一一标注

要他工作，只是希望他不要整天窝在家里。”

“我记得他是40多岁退伍的吧，陆军中校不错啊。”我翻回先前的晤谈纪录。

“就是这样才惨！出了围墙，军衔就是历史，而且还是没人在意的那种。给他钱开便利商店不要，保安不做，跟我跑业务也没兴趣，眼高手低，十几年了，每天就靠退役后的终身俸优哉过活，一点志气也没有。人生每天都要有目标啊！你说是不是？”

我居然还跟着点头，不得不说，对方的气场着实强大，一番开示后，我已开始动摇，然后偷偷地在脑中规划60岁以后的人生。

“当初我们结婚时，就希望他能培养一些责任感。”

“他有吗？”

“有是有，如果符合不喝花酒，按时领钱回家的标准，他算啊，因为他本来就没什么朋友，哪来的交际？”

“那他退伍后呢？”

“我那时刚升职不久，工作比较忙，所以都由他负责接送女儿上下学或上补习班，三餐也都是他在料理。”

“还蛮尽责的啊。”

“这是基本的吧，我也没闲着啊。等到女儿上大学之后，他就真的没事干了，每天都要我三催四请。结果呢，公职考不上，身段又不够软，找什么工作都碰壁。以前他就不太擅长交际，这几年开始变得更自闭了，对我也爱理不理的。”

“他之前个性怎样？”

“就很随兴啊，不太会看人家脸色，年轻的时候喜欢讲一些无聊的笑话，还动不动偷学放屁的声音，再不然就偷搔别人痒，有时候连我在生气都还这样弄，根本长不大，我们家户口应该要再多报个长男。他这样都能升到中校。我们家妹妹是很吃他那一套啦，但要是跟他一起生活，你就知道他有多丢脸了。”

不，这种年岁还愿意搞笑的男人，根本就是“国宝”[1]。

我隔着门缝望出去，“国宝男”就坐在等候椅上，脸上没有表情，外貌比实际年龄苍老——与其说是倦怠，倒不如说像是对一切都无所谓的样子，不过那并不是因为淡定，而是弃械。我很确定，那样的男人绝对不可能去偷搔别人的痒。

“他是突然变冷淡的吗？”

“也不是，这几年慢慢转变的。”

1. 犹言“稀缺动物”，很少见，很稀有。

我突然想起评估时，男人对我说过的话，但眼前的女人应该还不知道那件事。

“你似乎对他很失望。”

“我是不否认啦，但他更应该要对自己失望吧。他那几个旧同事几乎都顺利转任公职，每个都还在拼，但他完全不以为意。”

“嗯，那你有期待他要变成什么样吗？”

“不知道，但至少不要在家软烂。”

“好，假想一下：你们两位都是马拉松选手，只不过你是跑全马，他是跑半马。虽然起点相同，但这是一种错觉，因为你们一开始报名的组别就不同，实力也有落差，自然会抱持不一样的跑法与心态。你是拼了命想超越每个选手，让其他人只能看到你的车尾灯，而他是只求跑完就打卡下班的那种。在跑道上，你是雄狮，他是病猫。

“直到有一天，他终于跑完半马赛程，想好好放松一下，于是躺在终线，纳凉放空。一路领先的你看不过去，只好不情愿地停下来折返到他身边，希望他继续跑下一场，因为你始终坚信，人生总有下一场比赛。一切看似合理，但最大的问题是——他根本没准备啊！

“一个是才刚结束比赛的人，一个是只跑到一半的人，同样要他们继续跑下去，面对长长的跑道，两人的态度绝对是截然不同的。对你而言，你的终点还很远，还有很多人等着被你超越，你根本不需要热身，就能维持跑速，赶上进度，因为你热衷跑步。但他显然不是，看他那样，肯定比较热衷散步。”

“这种事可以训练啊！”

“没错，但前提是，他必须对这种事有兴趣。这个世界上，有很多人其实是对工作没兴趣的，只是为了糊口不得不做，或许对你先生而言，这就是他的困境。如果你们结婚当时他就是这样看待工作的，那当他退休时，实在没理由蜕变成一个正向又热情的人。”

“好，看来是我在勉强他，那他可以讲啊，没必要把我当空气。”

“依我看，他应该不是一下子突然掉到这种状态的。”

她点点头。

“说实话，你先生在两个钟头前跟我提过，他不是故意变得冷漠，而是放弃跟你沟通了。”

“放弃沟通？他有跟我沟通过吗？”

“沟通不一定要正面交锋啊，有时候也可以旁敲侧击。会不会经过某些互动后，让他感觉到沟通或许不会太顺利，于是逐渐放弃了呢？”

“谁知道？我只知道他之前常常练肖话[1]。”

“这就对了，要让一个常常练肖话的人放弃互动，那需要多大的阻力啊！这表示他可能受到了蛮大的挫折。”

1. 练肖话，闽南语，相当于扯闲篇、鬼扯的意思。

“可是我也很挫折啊！”

看来到目前为止，她一直没找到关于先生的“使用说明书”，因此，我必须找到方法让她理解先生的处境。

“我明白，你们现在的处境，很像我看过的一部电影，尤其是它的结尾，那部片叫《爱在午夜降临前》[1]，你听过吗？”

她点点头，但透过她的眼神，我可以大胆地假设她一定只听过杨烈的《爱在沸腾》。不过没关系，我请她给我五分钟，让我把故事背景交代一下，然后直接将剧情拉到结尾。

主角也是一对老夫老妻，在希腊的旅途中，两人一路为了鸡毛蒜皮的小事起争执，不断在冷战与和解中折返。一直到最后五分钟，女主角茱莉·德尔佩仍旧为琐事生闷气，苦无对策的男主角伊桑·霍克为此讲了一长串自以为有哏的冷笑话，但太太却毫不领情，直接请他闭嘴。气氛十分尴尬，此时男主角对太太说了一段话，接着，我把那段台词转述给她听。

她罕见地沉默了一会儿，没再多讲什么，只是抿着唇，脸上甚至

1. 《爱在午夜降临前》是由理查德·林克莱特执导的一部爱情片，由伊桑·霍克、朱莉·德尔佩领衔主演。

还有一点点不屑，对治疗的一方而言，那是个让人有些气馁的表情。

“我知道了，今天差不多了吧。”

语毕她随即起身，对于眼前的会谈桌与对谈都不太留恋，只是低着头，躲过我的注视，径自走向外面那位落寞的男子，连背影都显得那么倔强。

或许，今天的对谈对她而言，只是用来确认自己的委屈，一旦回到家，她可能就会忘记大部分的内容，只留下某些情绪。但我希望，她不要那么快忘记那段台词，那段她丈夫始终无法说出来的台词：

“其实我这样做，都只是想逗你笑而已。你想要真爱，这就是了，它并不完美，但这才是真的。”

不知道从什么时候开始，取悦对方或被对方取悦，成了一件奢侈的事。不是因为这件事的难度多高，而是我们已经习惯不去做这件事。

或许是因为，我们一直渴望看见对方变成我们想要的样子，而忽略了，对方或许只想看到我们笑起来的样子。

哪一种样子，比较珍贵呢？

爱情里的让步

让步不代表认输，
而是伸出手，
让对方能够从容地走下台阶。

修哥是个吉他手，一个 Rocker，也就是俗称的摇滚咖。

修哥白天是乐器行店长，晚上搞乐队，英文名字是 Jah，但没人知道怎么念。他身材高瘦，一头自然卷，平时懒得整理，于是任性地把乐队也取名为“离子烫很贵”。他的左手臂有个梵文刺青，意思是“只有恶魔知道我的名字”，这是为了纪念他的第一首自创曲，光听名字就让人感觉不妙，乐队明明有四个人，却只有三个人为这首歌点赞，因为连鼓手都不想承认它的存在。

总之，修哥是一个很妙的人。

对一个摇滚咖而言，做心理治疗绝对不是一件什么摇滚的事，就连去吃早餐都比它摇滚，但修哥不这么认为。他没什么艺术家的架子，一方面是因为我也喜欢听摇滚，两人聊得投机；一方面是因为他身为队长，若因感情困扰向成员求援实在有失颜面，身为一个熟悉的陌生人，我是最适合的对象。

“你不觉得女人很麻烦吗？”这是他的固定开场白，但厉害的是每次接下来的故事都不一样。

“怎么说？劈腿了吗？”

“劈腿？拜托，女人一个已经够麻烦了，为什么还要来个两人份的？”

“这句不错。”

“你可以抄下来。”他比出“一分”的手势。

这是个幼稚的竞赛。每次治疗时，一旦觉得对方讲的话很摇滚，就可以跟他要这句话的版权，然后运用在任何平台。当初这样做，只是为了让心理治疗看起来比较酷，但每当听到自己那些“金玉良言”被写进莫名其妙的歌曲时，我就感到有点后悔。

“这半年，我们经常冷战的，都是因为一些鸡毛蒜皮的事。你知道我这女朋友小我 14 岁，但 26 岁的女人也该成熟了，所以这件事真的很困扰我，你要帮我。”

“哪件事？”

“你小便会不会分叉？”

“啊？分……分叉啊，嗯……这么私密的事，我……”

“不用说了，你会！因为我每次都等你从厕所出来之后才进去，但又怎么样，我也会，只要是男人都会。好，我承认我有时候会忘了擦，但你提醒我就好了嘛，需要一边碎念一边翻八百年前的旧账吗？搞得我好像很不爱干净一样。她的鞋柜才叫灾难，根本就是被人形蜈蚣肆虐。”

“但尿不准很明显是你的问题。”

“才怪，尿不准原理是个定律好吗？不过我有试着弥补啊。你说我就做，够乖了吧？但她气起来完全不听你解释，她不想知道原因，她只想要你道歉，她只想赢。好，这些我都认了，但有时候她真的不可理喻，上星期还把铁盘放进微波炉，多狂啊。明明做错了还嘴硬，我才不甩她，大家一起来硬撑啊，看谁先低头。”

“王尔德曾说，女人是用来被爱的，而不是被理解的。”

“王尔德是谁？”

好，算了。摇滚咖不需要知道爱尔兰作家。

“而且这中间不是没跟她讲道理喔，微波遇到金属会反射啊，加热肯定会出问题的嘛。”

“那你的物理课有用吗？”

“完全没用。才讲到一半她就恼羞成怒，又把尿尿分叉的事拿出来敲打我。这已经变成一道免死金牌了，好像非要这样搞才能打平，所以接着又冷战了。”

“嗯，看得出来你有试着化解矛盾，只是时间点不太对。”

“怎么说？”

“你讲的那些道理，她应该都懂吧，只是情绪一旦起来了，理智是不一定能追赶得上的，不，应该说很难追上。争吵当时，就是会出现‘你说这些我都知道，但我就是很不爽’的状态。”

“这根本不是大人吧。”

“你是大人吗？”

“从肢体构造到心智年龄，都是个彻彻底底的大人。”

应该是大叔吧。

“很好，那你有没有练歌练到一半，因为跟成员吵架然后练不下去的经验？”

“常常，都是因为那该死的鼓手拖拍。”

看来他真的很恨那个鼓手。

“所以你身为一个理性又成熟的大人，有没有在那个时候，试着和他讲道理呢？”

“讲个头，那时候超不爽的。”

“那如果有人过来跟你讲道理呢？”

“我是队长啊，是练习室唯一的真理，谁敢过来多嘴。”

“是啰，那时候连你都不想听道理，更何况是比你小又不理性的女朋友呢？”

修哥一边想一边嘟着嘴。面对这样一个满脸络腮胡的大叔，我很不想看到他对我嘟嘴。

“讨个胜负的确很重要，但你是在谈感情还是争部门预算？情侣争吵的时候，无论男女，理亏的那一方，到最后无非都只是想找个台阶下。

“让步本来就是感情的一部分，收尾的方式，才能决定你是不是大人。到了那个时候，孰是孰非不太重要了，硬道理大家都懂，但她只想被安抚而已。你可以把她当成一个蛮横的数学家，因为这件事，在她眼中已经不是正负值，而是绝对值。”

修哥眼睛一亮，“绝对值？这段可以抄下来吗？”

我点点头。一比一了。

“换个角度想，你弯下腰，不是低头认输，而是优雅地伸出手，把她从尴尬的舞台上牵下来，这样不是很绅士吗？她有面子，你有里子，虽然在当下她似乎胜利了，但她一定会记住你的让步。等到落幕了再说教，她会比较愿意听吧？”

“但一直让步也不是办法。”

“没错，需要你一直让步的感情，大概也没什么好眷恋的了，分手吧。”

“并不想。”

“那你有一直让步吗？”

“并没有。”

“那你的音乐点击率高吗？”

“并不高，别闹了。”

“那我建议你试试看。不一定要每件事都让步，但可以从不至于闹分手的琐事做起，譬如你常小便分叉，你可以勇敢地把那圈尿渍擦掉，然后试着对她说：‘好吧，不好意思，我刚刚语气比较激动……’”

“这句很老派，而且没什么用。”

“那是因为你通常会接着说：‘可是你刚刚口气也没有比较好啊……’说实话，后面这句话真的超不摇滚的，你是个大人，拜托以后别讲了。”

想让修哥听话，只要跟他说“那样做很不摇滚”就行了，很有效，你也可以试试。

“讲是可以讲啦，但如果当时让两个人彼此都冷静一下，不是很好吗？为什么一定要我先示好？我就是太在意她，才会落得这种下场，早知道就装酷。”

“可以啊，你可以当超酷吉他手，反正最多就是歹戏拖棚[1]而已。只是如果后来你赢了，她走了，你最后能做的，就是把整件事写进歌词里，然后没人会去点赞。”

1. 指剧集制作不精，占用了时间，又受到观众嫌弃。

修哥皱着眉，似乎还在垂死挣扎，我决定送上最后一击。

“你呢，就继续装酷，到最后一定会胜出，但留不住幸福。”

没想到他听完这句话，神情顿时变得诧异。

“没错，这句你可以记下来。”

接着修哥若有所思地点点头。二比一，这下我终于把比分超前了。

趁着修哥的态度有些软化，我试着邀请他想象各种让步的语句。不过他看起来不是很甘愿，一副就像有人逼他在最后一天把暑假作业全部赶完的样子。于是我建议把它当成歌词来写，虽然很媚俗，但至少能引起共鸣，最起码它的点赞数一定会超过四人，因为我也会上去点，他才开始觉得这件事有点酷。最后在我的建议下，他把其中比较有诚意的一句，传给还在冷战的女友，至于内容，就保密吧。总之，整件事让他了解到：

学会让步，才能让我们在爱情中成长。

这次治疗，他觉得他赚到了，因为除了女友给出的回应让他还算满意，他还换到了两首歌，一首叫《一百种让步的开场白》，一首叫《蛮横的数学家》，他说我可以挂名共同作词“其实内容根本都是我想的”。

治疗结束后，我们照常道别，但就在他准备开门时，突然转头对我说：

“对了，关于‘继续装酷’的那句，就是你叫我抄下的那句……”

“怎么了，很有感觉吧？”

“那是方大同歌曲里的歌词[1]吧，那首我们之前练过。”

接着他以潇洒的背影向我比了个摇滚手势，意思是这一分不算，然后我想起他那副诧异的表情。

这下真的威信尽失，我不该在摇滚咖面前卖弄的。

1. 出自《情胜策略》一曲，农夫作词，方大同作曲。整首歌词都是关于恋爱的反指标，反讽得非常有意思，曲子听起来也很舒服，适合晚上听。

爱情里的见异思迁

百分百的女孩，是瞬间的运气。
百分百的投入，是扎实的耕耘。

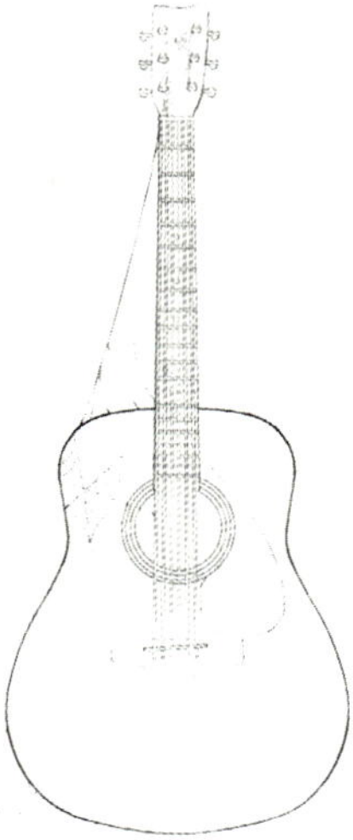

“如果错过了怎么办？那可是百分百的女孩，一生一次的机会啊！”

修哥又来了，而且这次是为一个素昧平生的女人连续失眠了三天。

事情发生在三天前，小周末的夜晚，酒馆打烊前一小时，终于轮到“离子烫很贵”乐队上场。台下大概有十多个人，其中有一半是醉倒的，包括老板，另外一半则是不断拉着醉汉聊心事的人。也就是说，在场唯一保持清醒的，只有酒保。

于是修哥有气无力地唱着自创曲《一百种让步的开场白》，脑中想的是一百种叫醒观众的开场白，鼓手的鼓棒掉了好几次也没有人在意。

此时，一个穿白色连衣裙的女孩慢慢从楼梯走下，手里拿着一本外文原版书，应该是东欧艺术史概论之类的，淡淡的妆，一头长发把灯光散射得更柔软，就在那电光石火的瞬间——等等！我打断修哥。

“晚上十一点半，一个白衣女文青拿着什么艺术史概论到三流酒馆听歌，这么离谱的画面肯定是投射效应[1]。你生命中是不是还有什么没完成的遗憾之类的？”

“乱讲，反正那时候，她在我眼中就是那样子。鲍勃·迪伦说过，有人能感受到雨，有人只能被雨淋湿。你生性不浪漫，注定只能当被雨淋湿的人，没办法当诗人啦。”

很难想象竟然有人把视幻觉[2]当成一种诗意。

进到酒馆。女孩四处张望，应该正在找人，但很不巧，等她的人也加入到了醉倒的一方，于是她成为观众席里唯一保持清醒的人。酒保端来一杯啤酒，她轻啜一口，优雅地抿掉上唇的泡沫，抬头看了修哥一眼，

1. 投射效应是将自己的特点归因到其他人身上的倾向，是一种严重的认知心理偏差。比如，一个心地善良的人会认为别人都是善良的；一个经常算计人的人也会觉得别人都在算计他。

2. 视幻觉又叫作视幻，呈现形式多样，有的清晰，有的模糊；有的比实物大(视物显大性幻视)，有的比实物小(视物显小性幻视)；有的形象不活动，有的形象则像舞台和电影那样活动且多变。视幻觉多见于精神分裂症、癫痫等疾病。

然后……

“然后她就开始滑手机。”

我一说完，修哥便一脸惊讶地望着我：“你怎么知道？”

“因为这是个十分合理的举动。不过，自己苦心写的歌被直接无视，就算继续失眠三个月也说得过去。”

“才不是咧，正好相反，我们对上眼的瞬间，我就知道是她了，她就是百分百的女孩！那种满不在乎的态度，反而激发了我的表演欲，我的电吉他开始变得狂暴，刷弦石破天惊，仿佛她只要低头就能遥控整场演出。我们之间那种无形的牵系，就像一对失忆的情侣意外重逢，就算整场表演只看得到她的头顶我也不在意，因为她头发垂下来的角度超级完美，撩发的动作无懈可击。她让我愈弹愈带劲，她很清楚引诱猛兽的后果！”

“后果”就是她继续滑手机。我才听一半就想喊卡，而且跟村上春树的感觉一点也不像。

“但没想到她滑了十分钟就离开了，酒没喝完，旁边的家伙也没醒，整件事就像误会一场。”

“结果呢？”

“我整个人都干了，干的地方，灵魂是待不住的。我应该义无反顾地追上去的，想起来就超后悔，不知道是不是因为这样，这几天做梦都梦到她，然后就醒了。”

“一直梦到一个人的头顶，究竟是什么心情呢？”

他比了一个不雅手势。“我是认真的！”

我相信修哥。因为他并不是个渣男，没有出轨纪录，对于弹吉他的热情远大于谈感情，却对一个素昧平生的女人起心动念失魂三个昼夜，表明事态有点严重。

“如果错过了怎么办？那可是百分百的女孩，一生一次的机会啊！”

“好，你先别急，让我问个题外话：那晚的表演，你满意吗？”

修哥顿了一会儿。

“满意，队员原本就蛮有默契的，新歌也苦练了一个月，虽然上台的时间点很糟，但节奏的流动很不错。只是没想到她的出现竟会让我火力全开，那晚的音乐，听起来是有呼吸的，而且是为她呼吸的。”

他已经完全忘记那首歌原本是写给他的女朋友的。

“你手上那把琴呢？弹得顺手吗？”

“琴？怎么扯到吉他？”

“先回答嘛。”

“很顺啊，谁会买不顺手的琴？这把算是珍贵的型号，一个前辈让给我的。”

“如果可以，你会给它几分？”

“嗯……85分吧。”

“为什么不是100分？”

“别闹了，哪有这种东西？况且吉他之神是不需要神器的，那是凡人才会纠结的事，到了我这种层级，技术等于王道。”

“如果有一天，有个高中生跑去你店里，说请给我一把百分百的吉他，你会怎样？”

“指着大门，跟他说出口在那里。”

“你店里难道没有一把让人感觉到百分百的吉他？亏你还是店长，怎么连把吉他都挑不出来。”

他肯定被我刺激到了。

“就是挑不出来！首先呢，吉他不会永远保持在最好的状态，这种话怎么能说满呢，我从高中开始弹，没看过哪一把是百分百。第二，我心中的百分百，在他心中也未必是，如果我乱打包票，他弹一弹不合手回来找我退钱，那我岂不是更亏。最后，就算你手上有把100分的吉他，不会弹，那把吉他也是零分。还不如拿把中等的琴好好练，好好跟它相处，按表操课，把技术和手感培养起来，直到够格上台了，再来谈组团的事。”

他一边卷袖子，一边说：“我在这圈子混得也算久，看过有人背了一把上万元的吉他，弹了一场 50 分的表演，也看过有人用了一把 70 分的吉他，弹出 100 分的表演。前者沦为笑柄，后者走上神坛。可想而知，观众对他们的评价，跟吉他已经没什么关系了，100 分的技巧比 100 分的吉他还重要！”

我认真地抄下修哥讲的每一句话。在我看来，这场治疗已经差不多结束了，只是他自己还没意识到。接下来的任务，就是把它切换成修哥熟悉的频道。

“好，再回到那晚的表演，如果给它 100 分……”

“不是如果，我的表演没有如果，它就是 100 分。”

这家伙如果不是我的案主，我也会把出口指给他看。

“你那么强调技术，那麻烦帮我想想：在这场 100 分的表演中，你的技术占了几分？那把吉他又占了几分？”

“技术占九成吧，喔不，做人要谦卑再谦卑，技术七成，吉他三成。但说真的，那晚弹到后来，我觉得自己就算弹空气吉他也能发出声音了，那是一种浑然天成的境界。”

那是一种严重妄想的症状。之后他就开始在我面前弹空气吉他，也就是说他手上根本没有吉他，却一直做出压弦与刷弦的动作，而且还不断咬下唇，表情就像在解一道很难的微积分题，而那是我人生少数想报警的时刻。

“好，题外话到此为止。不过，你可能要失望了，因为你的算术有点问题。”

“怎么说？”

“台下那位，并不是百分百的女孩，而是百分之三十的女孩。”

他露出困惑的表情，无法理解剩下的百分之七十跑去了哪里。

“我先问你，你所谓的恋爱，只是把她带回家像标本一样供着就好了吗？”

“怎么可能，看不出来你有这种癖好，变态！”

没办法，有时候就是要忍受这种无理的指责。

“会这样说，是因为只有把她当标本，她才会是百分百的女孩，如果不是，我就要重新解释了。”

他点点头。

“接下来的比喻可能有点物化女性，但绝对不是故意的，就姑且听之吧。我们先发挥一下想象力，把你那晚满分的表演，想象成一场谈恋爱的过程，可以吗？”

“嗯，然后？”

“当中技术占七成，吉他占三成。问题来了，那把吉他代表什么？”

“代表……嗯……喔，我交往的对象！”

“很好，所以即便你的对象是个百分百的女孩，也只占了整场恋爱的三十趴[1]，也就是百分之三十，对吧，这数字还是你给我的。”

“喔。”修哥开始不对空气刷弦了。

“换句话说，剩下的七十趴，才是整场恋爱的重头戏吧。拿到再好的琴，也得先好好跟它相处，按表操课，把技术跟手感培养起来，才会有那晚的演出。”

我把刚才抄下的内容，重述一遍给他听。

“所以按照你的计算逻辑，不需要百分百，即便是百分之八十的女孩，只要有纯熟的技术，对你们的交往结果都不会有太大的影响，除非你的对象非常糟糕，糟糕到靠技术都无法挽回。但你刚才说，没人会买不顺手的琴，所以我想你的女友应该不至于糟到这种地步吧。”

修哥摇摇头。

“这么说，能够左右一段感情的，应该是这七十趴的技术啰。在爱情里头，技术指的就是交往时为彼此付出心血的过程，这不正是感情里最珍贵的部分吗？

“从初识时的客套，经过再三试探，产生信任之后，才能把自己的某部分交给对方，继而愿意为了对方去调整自己的价值观与习惯。调整时总是会出现争执，再从争执中学会妥协与让步，努力让关系变得更成熟。我刚刚说的这些，都不是教科书上的步骤，而是

1. 趴，中国台湾地区口语，一趴指百分之一，三十趴指百分之三十。

你们一直以来都在做的事，那些你们早就习以为常的事。

“跟所有技术养成的原理一样，感情是由生活中的喜剧和悲剧交叠而成的，是经过时间与泪水认证的，因此才会产生厚度，才会在你的人生中占有一定的分量。因此，即便你遇到了一个真命天女，你还是得经历这七十趴的修炼，别以为这样就能跳过去，也不代表你们往后的相处就能顺风顺水。”

修哥沉默了。

“我问你，你跟小女友交往多久了？”

“四年多吧，她大四的时候来找我学吉他。”

“这段时间，她有为你改变什么吗？”

“嗯，她爸妈其实很反对我们交往，除了年龄差距，还有我的收入很不OK，40岁还在租房子，表演也有一搭没一搭的。因为这样，她毕业后就一直拼命赚钱，希望一起把乐器行的二楼买下来。两年前还换了时薪比较高的工作，但从那之后，她的经期就不太稳定。还有，虽然我自己也刺青，但我还是觉得女生刺青不好看，于是她就悄悄把脚踝上的刺青用激光清除掉了。那是她18岁时偷刺的，位置并不明显，我只有之前教琴的时候跟她提过一两次，结果交往后，我就只看见淡淡的疤。后来我才知道，激光其实非常痛，每一下都像订书针刺进肉里一样。”

“那你呢？”

“我喔，跟她在一起之后，好像比较有动力存钱，吉他课也多开了好几堂，什么烂表演都接。有一次通过前辈引荐，准备和日本厂家的吉他业务主任见面，他们的质量没话说，如果谈下来，利润非常可观。但女友总觉得我的发型不太正经，后来听了她的话，我做出这辈子最大的牺牲，就是狠下心跑去烫超贵的离子烫，结果生意谈成了，但我每次照镜子都有毁灭它的冲动！”

修哥秀出手机里的照片，那是他们在发廊的合影，发型非常惊悚，还旁分，但表情很生动，我从来没看过如此崩溃而又甜蜜的表情。

我把手机还给修哥，对他说：“爱情最伟大的地方，就在于两人愿意为对方改变自己，哪怕只是一个微不足道的习惯或观念。改变是一件很不简单的事，你跟自己相处的时间，远比跟对方相处还久，但你却愿意为她变动长久以来的设定，这股动力，不就恰好换算出对方在你心中的价值吗？我相信她一定是好到某种程度，才能让你付出对等的意愿来改变自己，对她来说，你也有一样的价值。

“但你现在的状况却是，无意间看到了一把新的琴，让你的内心充满了巨大的诗意，于是在不确定的情况下，准备放弃手上的琴，舍弃你的成员，扔掉整组练好的成品，然后重新创业。在你的职业生涯里，有发生过这种毫无逻辑的事吗？”

“没有。”

“很好。因为你已经太熟悉那些相处的过程，于是忘记当初磨合的辛苦，忘记那股决定为对方改变的动力，忘记就算找到一个百分百的女孩，还是要经历一样的过程才能走下去，忘记如果发展不如预期，你就是两头空。

“又或者，你其实想分手。对于一个想分手的人来说，百分百的女孩，肯定是一个说得过去的理由。所以，你想放弃现在的感情吗？”

“不想。”

“很好。”

我跟修哥都各自沉默了一段时间，修哥的表情，就像在试着回想一段久远的旋律。

“不过我还是想问：世上真的有百分百的女孩吗？”

“我不知道，你可以写一首歌问问大家，可能真的有，可能前几天才从我们眼前溜走，那又怎样？错过了真命天女，但能和一个很不赖的路人修成正果，跟60岁时终于等到真命天女，却只能感叹相逢恨晚，哪一个比较让人不遗憾？”

“等等，你这句我抄下来，一比零了喔。”

“身旁能有一个值得我改变的人，还能共同拥有很棒的回忆，对我而言，这就够了。对方够好就行了，不需要百分百。”

“那够好的程度是什么？”

“最起码你们的笑点要一样吧。”

修哥突然用力地拍了一下手掌，应该是想起了那个让他想砸镜子的离子烫。

“好，这句再借我抄。笑点，要一样。哎，你今天两分了耶。等等！你不会像上次一样又是抄歌词的吧？”

“不是，这是《麦田捕手》[1]里的名言。”

“捕手喔，哪一队的？”

一个连《麦田捕手》小说都不知道的人，竟然还敢谈写诗。

结束前，我只给了一个建议，就是请他把那张离子烫合照设置成手机桌面，重新温习什么叫“够好的对象”。

其实，只要一开始请修哥忍耐个两周，什么事都不用做，这种突如其来的热情便会自动降温，变得云淡风轻，今天的治疗也能迅速收尾。但我更想让他明白，对一段感情而言，对方要的，不一定是百分百的男孩，而是能百分百投入的决心。一百分的技巧，比一百分的吉他还重要。

百分百的女孩，是瞬间的运气。百分百的投入，是扎实的耕耘。

1. 又译为《麦田里的守望者》，是由杰罗姆·大卫·塞林格创作的一部长篇小说，首次出版于1951年。故事讲述的是16岁的中学生霍尔顿·考尔菲德在离开学校去纽约游荡的三天里的经历。作者借鉴意识流天马行空的写作手法，充分探索了一个十几岁少年的内心世界。

害羞的贝斯手

我们不一定要面向世界，才能展现自信。

“这是我生命中最重要的一场表演，结果那个家伙，居然给我从头到尾背对观众！”

修哥气炸了，讲得好像他的小巨蛋[1]首演被那个贝斯手给毁了一样。事实上，那个贝斯手才是他们乐队唯一合格的乐手。

修哥算是我职业生涯中很重要的一名案主，除了我们都喜欢音乐，拜

1. 小巨蛋，指台北小巨蛋体育馆，主要供各类体育运动及演唱会等活动使用。

他所赐，我还向医院投了一份研究案，目的是进行自恋型人格的活体研究。

他们的表演，我去看过几次，毕竟他的创作几乎都是抄自我说过的话。到了现场的时候我才明白，这个乐队不红是有道理的。

从名字开始就是个错误，里头的乐手没有一个人在状况内：主唱超级自恋——修哥平常讲话还算悦耳，但歌声却非常伤身，伤的还是观众的身，那支麦克风仿佛打开了地狱的入口。电吉他手像个长期酗酒的大叔，从头到尾都只用一种姿势刷弦，我相信就算把那把吉他移走，他还是会站在原地刷弦。鼓手严重脱拍，应该是敌团派来的卧底，他跟主唱没在台上开打简直就是奇迹。

贝斯手是个年轻的女生，也是现场唯一尊重演出的人。虽然一直低着头，但她拨弹指法十分灵巧，节奏律动也很对拍，只是表现有点紧张，通常每一首歌都会出包[1]一小段。她在一次去上完厕所后就没再回来，于是这个乐团的剩余价值等于零。

"你知道贝斯是拿来干什么的吧？"

"我知道。"

"没关系，我解释一下你就会懂了。"

1. 出包，因跟英文单词trouble发音近似，在中国台湾地区常被使用，惹麻烦、出错的意思。

完全无视我，但我没阻止他往下说，毕竟治疗是以小时计费的，要是在这段时间内，有个家伙愿意花时间讲一堆你早就知道的事情，而且还不用响应，只用隔几分钟"嗯哼"一下，最聪明的做法，就是不要去破坏他的兴致。

"我简单说，一个乐队通常有吉他、贝斯跟鼓三样配器。吉他负责旋律，鼓负责节奏，这两个乐手通常在台上都很显眼，也都有独奏的空档。相形之下，贝斯就低调多了，因此很多人不知道贝斯的作用。你知道吗？"

"我知道。"

"没关系，不知道也很正常。"

有时候就是得忍受这种任性的案主。

"想象一下，如果把贝斯去掉会怎样？吉他会持续发出高频音，鼓声会响彻全场，虽然场面很嗨，但实际上音场会变得干涩且刺耳，这是因为缺了低频乐音的关系，如果把贝斯补回去，就能磨平表演的棱角，让音场变得浑厚饱满。也就是说，贝斯是鼓与吉他的桥梁，负责填满表演的接缝处，既负责节奏，也负责一部分旋律，虽然不像吉他和鼓有主角光环，但却是不可或缺的黄金配角。这一点，跟妹子的个性很像。"

妹子就是今天的主角——那位害羞的贝斯手。

“妹子是一个大学学姐推荐的，从小练古典乐，哥哥、姐姐都练小提琴，而她似乎不想当主角，因此选了低音提琴，一路从小学音乐班练到高中，之后因为技巧没有进步才改玩摇滚，据说是她的老师建议的，说这样对她会轻松一点。这摆明就是揶揄啊，结果她居然动真格地背起贝斯，我猜她应该是被家人放弃了。而我之所以用她，就是因为我坚持一个信念：摇滚乐一定可以拯救一位古典乐的弃将。”

“我比较相信她可以拯救你的乐队。”

“你这样羞辱个案是合法的吗？算了，总之她一进乐队之后，我就觉得不太对劲。见面永远不打招呼，表情尴尬得要命，讨论的时候，只会龟缩在角落，一点名就脸红，回答总是结结巴巴的，每次约聚餐都临阵脱逃。但套团（排练）的时候，她的拍子居然抓得一清二楚，一拨弦就变成另一个人，那手指就像装了什么驱动程序一样，灵活得不得了。只是很不幸地，第一次登台她就垮了，那是个小型音乐节，要自费报名的，她才弹完第二首就直接在后台吐了，接下来的歌，我只好自己扛。”

我想象着没有妹子的乐队，应该就是三只野兽的狂欢派对，底下全是受害者。

“那次她说吃坏肚子，最好有那样就刚好啦。进乐队一年多，登台也快20次，撑完全场的次数，五根手指都算得出来，其他时候都是崩溃收场，她真是祖上积德才遇上我这种宅心仁厚的前辈。拜托，进厨房就不要怕热，我们以前哪有那么容易崩溃。我有个师兄好不容易开演唱会，想不到在台上弹得太狂野，居然当场弹断了一条弦，还直接往脸上扫，结果你猜怎么样，他没下台，他坚持住了，就算弹空气贝斯，他还是留在台上。我在底下都快哭了，我永远记得那个晚上，那真是乐坛的奇异恩典，弹一把坏掉的贝斯，还是能让人觉得发出声音，能不跪吗？”

我要是听众我也跪了，花了一笔钱来听一个有幻听症状的乐手弹琴，而且还是没什么病识感的那种。

“上星期那场表演非常难搞，因为有位厉害的前辈到场，他正在找表演的暖场团，要是能帮他暖场，出单曲就指日可待了。我动用了各种关系才终于卡到位（获得机会），事前也花了一倍时间彩排，结果呢，她居然一上台就背对观众，而且还是一整场，前辈脸都垮了。要演这出也不早讲，至少可以先在她背上写个‘没有人是局外人’或是‘非核家园’之类的，加点其他分数也好，我看这次应该是凶多吉少。

“后来我实在气不过，只好把她叫过来聊聊，结果她支支吾吾了半天就哭了。我之前说过最怕女人哭，还好我女友在，一听到哭声就把我赶出排练室。后来经她转述，才知道妹子之前的表演规模从来没有少于 40 人，她可以在不显眼的情况下完成表演，但自从进了我们团，成员一下少了 35 个。以前要是出糗，还有一堆人一起扛，现在表演一旦出包，观众表现出不耐烦的样子或是发出嘘声，就好像变成是她一个人的问题，所以她只好背对观众，比较自在。”

天哪，这种谦虚的程度实在太过分了，看来只有脱离这个团才能治好她了。

“她说她从小就这样，只要人一多就会害羞，偏偏又被迫加入音乐班。她其实很喜欢演奏，但不喜欢演奏的时候被打分数，因此每次比赛都让她很痛苦，高中的时候还因为什么恐慌症状，吃了一年多的药。她的朋友一直都很少，不是不想交，而是不敢开口，久了就变成边缘人。即使不上台表演，平常走在路上或在餐厅里吃饭也会觉得不安，感觉大家都等着她出糗，她知道这种想法不太合理，但还是忍不住紧张。你说，一个会觉得全世界都在盯着自己看的人，到底是害羞还是自恋？”

我耸耸肩。

“肯定是自恋，从来没看过这么自恋的。”

别闹了，每天早上刷牙照镜子时肯定会看到。

“我觉得，她的情况可能比较像社交恐惧症。”

社交恐惧症（Social Phobia），也叫作社交焦虑障碍，属于一种焦虑疾病。主要是面对社交场合或与不熟悉的社群相处时，容易感到不自在，进而引发一些与紧张有关的生理症状，例如头晕、腹痛，甚至恐慌。这种不自在，是因为担心被看出来“自己正在紧张”，然后开始出现警戒与回避的心态，导致人际关系不断恶化。这可能是从小的人格倾向使然，譬如回避型人格障碍（Avoidant Personality Disorder，C类群人格障碍的一种），也可能是某次创伤造成的结果。

“自恋型人格跟社交恐惧症不同，同样觉得被别人关注，一个希望愈多愈好，一个希望能免则免。打个比方，自恋型人格觉得自己是个‘磁铁’，能够主动吸引所有的目光，觉得别人都在嫉妒自己。社交恐惧症却觉得自己是个‘漏斗’，所有不好的评价都会流向自身，觉得别人都在批评自己。”

趁着修哥还在思考漏斗长什么样时，我接着说：“换句话说，他们最大的问题，在于过度在乎别人的‘评价’。他们经常出现‘别人会对我做出负面评价’这种想法，也就是‘担心被笑或被骂’，特别是在面对权威人士或专家时。一旦按中这个按钮，启动的就是一连串灾难。”

“那就是没自信嘛，难怪我无法同理。”

这再度证明修哥是一具优良的研究活体。

“也可以这么说，但他们的程度太过头了，过头到曲解了别人的意思。原本准备好的演讲稿，原本背好的吉他指法，一旦到了面对陌生的群众时，就会出现一种‘他们可能觉得我不太行’的假设，而这样的假设，会让中立的目光变成一种严格的审视，于是原本准备好的内容一下子乱了套，然后开始犯第一个错，如果无法冷静下来，接二连三的错误就会像多米诺骨牌一样，一路往下倒。等到观众开始发现场面变得尴尬时，他只能双手一摊，认定一切都验证了当初的假设，心里想着：‘就说吧，稳死的。’绝望地目睹骨牌全倒的盛况。

“整个过程，有两样东西击垮他们：一，过度在意自己在别人眼中的样子；二，错误判读他人的身体语言。这两件事，没有一样是他人主动挑起的。因此可以说，整起事件就是个乌龙，没有人击垮他们，他们是被自己内心的假设击垮的，也就是俗称的‘自己吓自己’，而这样的乌龙常发生在他们的生活里。”

“那妹子的状况要怎么处理？”

“很简单，四个字？”

“说吧。”

“不用处理。”

修哥马上浮现一种被骗钱的表情，而且这种表情一直维持到治疗结束。

“真的假的？”其实这四个字他讲了很多次，蛮烦的，所以其他的都被我删掉了。

“我问你，她虽然整场背对大家，但有撑完全场吗？”

“嗯……好像有哎。”

“弹得怎样？”

“几乎没有出包，应该是这一年多来最稳的一次。”

“那她需要治疗什么？”

“就……这样很怪啊，哪有人这样表演的。”

“如果这是她最舒服的状态，又没有妨碍其他人，也没有造成任何困扰，就没有改变的必要。‘甜梅号’[1]的贝斯手叶子不是也都背对观众演奏，还是你不知道这个乐队？”

“哪有，这个乐队我很熟，主唱叫白白嘛。”

白白是哪个妹啊，明明就叫小白。

“一般而言，治疗社交恐惧症，可以先从调整‘假设’下手。让他们知道，‘就算出糗，也不会在别人心中停留太久，别人甚至不太在意，在意的只有我们自己。’

“另一个方法，就是进行行为治疗。首先设定一个目标行为，

1. “甜梅号”是来自中国台湾地区的一个乐团。

以妹子为例，那就是‘上台面对观众’，它是最后一关，前面的难度往下递减，最简单的一关设定为彩排。从‘彩排’到‘上台面对观众’，把中间的过程切分成四到五个关卡，譬如先在‘没人的场合登台’，再进阶到‘找熟悉的朋友当观众’，一关一关往上闯，每一关之间都要练习放松，直到最后一关为止，这就是所谓的渐进式暴露疗法（Graded Exposure Therapy）。如果训练得当，大概八到十周就能见效，若能再配合一些适当的药物治疗，成效会更显著。”

“这听起来很威[1]啊，还是我叫她来找你？”

“其实没必要，”我摇摇头，“如果工作性质是需要与人接触或应对，或许才有介入的理由。我之前有个案主是个初中代课老师，转正考试搞了五年，每次都被挡在口试这一关，就是败在社交焦虑，但由于他的职业必须直接面对群众，因此才找上我。然而乐手的职业属性比较特殊，只要把音乐弹出来，即便不直接面对观众，也不影响她的职业功能，既然不影响，就不需要改变。”

“那我要怎么帮她，才不会让她一直崩溃？”

直接让她脱离你们乐队吧。不行，这样崩溃的就是修哥了。

“维持现状。如果她找到了与焦虑共处的方式，那就给她一点空间，让她自在一些，表演才有质量。”在一个恍神的团体中，最

1. 很威，意指很牛、很威风。

清醒的人居然是最害羞的那个。

“那我可以怎么安慰她？只要一句话，一句话就好。今天就一比零，算你赢。”

看着修哥见猎心喜的模样，八成又想再借用我的台词来二次创作，于是我想起曾经对那个代课老师说过的话：

“你可能会把每个人的目光，都当成射向自己的箭，但它们其实只是一场雨，它并没有那么强的杀伤力，而且还很公平，因为每个人都会被淋湿。”

三个星期后，修哥顺利拿到暖场门票（前辈指明要贝斯妹子到场），还寄了一张给我。

那天晚上，没人在意主唱极度扭曲的声线，没人在意那首叫《社交就像一场雨》的新歌（歌名真让人惭愧），大家只注意到那个充满律动的背影，仿佛在享受一场雨似的，在那一刻，她证明了一件事：

我们不一定非要面向世界，才能展现自信。

你在暗处，朝他丢了石头

一个正常人，何以从旁观者变身施暴者？

白蚁是个少年，他真的很喜欢女生的内衣裤，不只拿来闻，还拿来穿。

别误会，他并不想变成女人；相反地，穿上内衣之后，好像就有一种女人直接住进身体，摇醒他性欲的感觉。白蚁平常不太擅长与人沟通，也没交过女友，因此不可能光明正大地买套女性内衣回家，于是他选择用偷的，不仅方便，而且内衣一旦沾染了人的气息，有了肌肤之亲，那套内衣就会活过来。

对于一个异装癖（Transvestic Disorder）来说，有什么比“会呼吸的内衣”更值得收藏？

某个清晨，白蚁又顺手偷了一套红色内衣，但他并不知道，那会是他最后一次偷内衣。

几天后，他收到一张光盘，来源不明，是直接塞进信箱里的。光盘里有几段用手机拍摄的影片，他第一次成为影片的主角，却是以不太光彩的脚本登上舞台。白蚁拿出光盘后马上关了灯，躲在书桌旁，他不知道这是一种警告还是戏谑，于是他把那两箱整理得井然有序的窃来的内衣塞进了垃圾袋，隔天一如往常地去上班。

接下来的日子，白蚁过得非常不安。

他在工作的书店里扫视着每一位客人，很希望自己的隐形眼镜具有某种辨识系统。

他回到作案现场，循着拍摄角度寻找幕后人，但一无所获。他只好在社交网站留言，暗讽那位正义魔人，而那段留言也彻底发挥作用，隔天，他又收到第二张光盘，于是白蚁崩溃了。

他直接把光盘挂在胸口，当成一面照妖镜，不断在作案现场徘徊，希望能靠它筛选出凶手。很可惜，这样做只能筛选出认为他是神经病的人。多亏老天眷顾，后来被他找到两名手持相片、形迹可疑的嫌犯，他二话不说便动手将那些相片悉数撕毁。只可惜他撕毁的是两个无辜文青的摄影竞赛资格，因而遭到一顿痛殴与辱骂。然而相较于被打，他更想向这个世界辩白："我不是个变态！"

于是，他不断对空吼出这句话。

但周围早就没人了。

白蚁回到家，想起小时候在妈妈的房门口目睹的一切。那时妈妈正与她的男友交欢，对于孩子的窥视浑然不觉。白蚁的震撼不是来自感官的冲击，而是瞬间确认了亲情的叛离。原来在爸爸过世后，除了自己，妈妈心里还有别人。自此，他在真实世界里丧失了所有权，只有女性内衣能让他夺回一些想象。然而这样就是变态吗？他想起自己虽然恋母，但并没有害过任何人，想起大家都在假装正常，想起无论再怎么掩饰，自己终究被当成怪物——于是他拿起剪刀，一刀一刀，把自己的头发剪成了"鬼剃头"。

他不想被了解，但也不想被误解。只是他还年轻，不明白这两件事其实是一个连续的过程：人们对于不了解的人，往往都是以误解收场。

白蚁觉得身上很多东西都在流失，干涸的身体让他变得很敏感。第二天上班时，他对每一件事都看不顺眼，就像他最在意的书序仿佛被谁弄乱了。在结束与客人的争执后，白蚁被老板赶回家，心神不宁的他，过斑马线时没注意交通信号灯，突然间就被撞死了。

在一旁看傻的你，仿佛是整起车祸的目击者，但你很清楚，自己其实才是肇事者。

那天清晨，你蹲在前男友家门口，不想接受被分手的事实，百无聊赖之际，发现露台底下有个变态正在偷内衣，于是顺手拍了下来。

你无心念书，生活索然，写着无关痛痒的报告，念着没有未来的专业，情感的空窗，让你只能隔墙偷听室友交欢的声音。直到有一天，你再度在路上遇见那个男人，于是你跟踪他，一路跟到书店，从胸前名牌得知他的名字，再跟踪他回家，最后在社交网站查出他其实是你学长。

乏善可陈的人生，自此露出一线曙光，出现一片明朗。

你不想把光盘交给警方，只想给这个道貌岸然的“变态”一点教训，因此决定跟他玩个小游戏。或许是为了正义，更多时候是想填补情感的空虚。你不想花力气去确认这个人的背景，你只需要确认这样的行为是一种罪，这样的动机，让你忘了每个人其实都有自己的伤痛，都有自己的理由。

你看着那具尸体，根本没想过这样做会害死谁，你只是要为这个世界出一口气。

即便你根本不认识他。

没错，认识一个人太花力气，更何况对方还是个变态，给他定罪就轻松多了，正如前面提到的，这正是电影《白蚁：欲望谜网》[1]告诉我们的事。

而所谓的定罪，大抵上就是用激烈的语言去重复宣示他的罪行，一句一句堆栈，透过正义的包装与号召，演变成一种不落痕迹的暴力、问心无愧的霸凌。

一个正常人，何以从旁观者变身为施暴者？答案在 1971 年的加州。那里有所大学叫斯坦福大学，里头有个长得很像演员李罗的心理学教授，叫作津巴多（Philip Zimbardo），这个家伙进行了一次举世闻名的“斯坦福监狱实验”（Stanford Prison Experiment），闻名之处在

1. 由朱贤哲执导，吴慷仁、钟瑶、于台烟主演，2016 年 10 月首映，该片讲述大学生汤君红拍到有恋物癖的青年白以德偷窃内衣，遂将视频制成光盘寄给他以示惩罚，却造成白以德精神崩溃，而汤君红亦因此陷入巨大的心理危机中。

于它既混乱又失败，但最后却成功地产出了五个字："路西法效应"（The Lucifer Effect）。

实验是这样搞的：老津想知道一个正常的好人，有没有可能因为"体制"或"权威"的压迫，让他丧失判断力，投入邪恶的施暴行列。于是他把斯坦福中心广场的一部分改造成监狱，招募了24个心智正常的大学生，每个人看起来都是相信世界和平的嬉皮士。接着把这群人随机拆成两组，一组当狱警，一组当囚犯，每天都只要蹲在假牢房就能轻松地领到15美元，然后大家一起开欢乐派对度过接下来的两周。

怎么可能。

囚犯组在第一天就被剥夺了一切，包括他们身上原本的衣服、一切能对外通讯的方式，以及他们的名字。他们发现老津是动真格的，自己的存在只是一组号码。狱警组成了匿名的矫正官，他们被赋予的任务很简单："尽量像个真正的狱警。"而这个指令，吹响了这场混战的号角。

第一天，两组人马还能练肖话。第二天，狱警们开始觉得自己不太受到尊重，于是试着加强对囚犯组的规范。接下来几天，他们开始对囚犯的各种生活细节挑剌，在不伤害对方身体的原则下，进行了一系列的惩处。因为在狱警眼中，人名一旦转换成号码，对方的感受就变得不太重要了，更何况，他们还是获得授权的。

想当然耳，囚犯组也不是吃素的，他们很清楚自己进来的目的，就是轻松地赚15美元，而不是进来没事被罚几百下俯卧撑或徒手刷马桶。于是一部分人起身反抗。但他们愈是如此，愈让狱警们投入到这场实验中，因为狱警充分感觉到："这真的是囚犯会有的反应。"

自此，两组人马开始往极端的方向靠拢，一方享受施虐，一方习得无助[1]（Learned Helplessness），在真实与模拟失去界线的同时，善恶开始变得分明。

但就在囚犯组陷入绝望之际，老津突然终止了实验，因为他被女友疯狂暴捶后幡然醒悟，然后出了一本叫《路西法效应》的书，探讨好人如何在一夕之间变成坏人，善恶之间的界线如何经由体制的压力被抹杀。

由此可见，建立一场霸凌，只需要三个条件：

第一，"体制"的许可。一旦获得制度授权，我们就能心安理得，因为一切都是奉命行事，执行者只是经办人，经办人只是通道。

第二，偏见。只要设定好所谓的"敌人形象"，建立制式的模板，就不用花时间去了解他的背景，箭靶不需要任何背景。

第三，从众。经由群体的背书，保障了整个过程的正当性。

于是，当某条令人发指的实时新闻跳进手机页面时，出自心中的善，让我们感到愤怒，当媒体帮大家设定好敌人的形象后，愤怒找到了出路。它让我们不问因果，不做判断，直接用文字或语言制裁对方。

---

1. 意指人在接连受挫后，对一切感到无能为力的状态。

人类自从发明了键盘，“猎巫”[1]就变得简单。在狩猎的过程中，我们并不觉得自己正在被风向带着走，我们没有试着推敲始末，厘清敌人的形象，因为这样做实在太煞风景，太故作清高，不如把自己埋进群体，放下定见，顺风走势又获得一波集体高潮。

荒谬的是，当热潮退散，我们才会发现自己连敌人的来历都不太清楚，就像影片中被撞死的白蚁。

我们领着舆论的许可，踩在道德的制高点进行轰炸，整场定罪行动就像一组被默认的流程，对象是谁根本不重要，重点是大家宣泄了生活的苦。

仔细回想，我们跟斯坦福监狱里的狱警根本毫无二致，仰仗体制，以善之名，执行问心无愧的霸凌；只不过身处网络时代，多了一张匿名的保护伞，让人得以隐身在暗处，然后朝有“罪”的人丢石头。

只是，到头来，我们究竟实现了什么？

如果没有具体的答案，我们是否该考虑，什么样的决定，才能让眼前的局面不再恶化？我们可以跟大家一起为情绪找个出口，也可以选择不妄下评论，增加对幽微人性的理解。热血不代表蛮横，冷静也不代

1. 猎巫，指搜捕证据把女巫或施行巫术的人送上女巫审判台。今日指此类事件所引发的一种道德恐慌。

表矫情，但不管决定为何，我们都必须为接下来的举动负责，也逃避不了可能造成的波及。

我始终相信，当我们面对计算机屏幕，准备在页面上留下文字之际，一定还有其他选项等着我们。

伊朗导演阿斯哈・法哈蒂[1]曾说过一句话：

现代社会的悲剧，是一场善与善的战争，无论哪一方获胜，结局都让人心碎。

1. 伊朗导演阿斯哈・法哈蒂（Asghar Farhadi），作品《一次别离》《推销员》皆获颁奥斯卡金像奖“最佳外语片”。

年节症候群：长辈问候生存指南

这份指南的存在目的，不是教你如何避免面对长辈，而是让你成为一个更酷的长辈。

使用说明

亲爱的，当你翻开这份指南时，只代表一件事：那就是年节或长假又要到了，时间已经不多了，因此接下来你得专心应付接踵而来、花样百出的长辈问候攻势——在那一刻，你会由衷敬佩，人类到了一定的年纪，就会把所仅有的创意用在开发这些问候上。

相信对你而言，这种情况就像是拥有周期的世界末日，因此关于长辈们的问候攻势，我们特别准备出这份“生存指南”供你参考。你可以选择精读，透彻了解长辈问候的运作历程，若信息量超过大脑负荷，也可以先翻到最后一节“存活策略”（第 58 页）；事态紧急者请直接研读“必备句型”（第 59 页）。

衷心期盼，逢年过节，你都能战战兢兢出门，平平安安返家。

适用对象：人类。

使用年龄：收到第一份成绩单时，赋予使用资格；在第一个孙子出生后，解除使用资格。

使用期限：无限期，直到人类灭绝。

什么是长辈

关于长辈的定义，法国心理学家 Dr. Absurdité[1]在其 1986 年所撰写的经典巨作《长辈心理学》（*Older People Psychology*）第二章第一节提到：“长辈就像感冒与麻疹一样，想要免疫无疑是天方夜谭。”意思并不是说长辈这种生物是病毒，而是每个人都会轮到这个身份，属性公平，无人得以幸免，除非天妒英才，或是你愿意自我处起解救后辈（别傻了，你的后辈还是会变成长辈）。

它就像体内被设定好的一组变异染色体，潜伏期长达 60 年，时间一到，症状自然发作，同理心机能会逐渐受到侵蚀，训话腺体日渐肿大，几周后便会蜕变成完整的“长辈体”（特此注记：此段论述出处实已

1. Absurdité，法语，意为荒诞、不合逻辑。

佚失，心理学家 Dr. Absurdité 及其著作则皆为作者虚构）。

长辈的症状

1. 生活空虚

有些人到了被称为长辈的年纪，会出现所谓的空巢综合征（Empty Nest Syndrome）。那时子女已陆续离家，生活重心突然消失，唯一的作用被回收，就像身经百战的老兵被告知战争结束时，留在身上的就只有回忆与空虚。

最糟糕的是，他们“没有培养任何生活兴趣”，不会跟你聊电影、音乐、时事、旅游经验，他们的数据库没有这些东西；也因为这样，才导致见面时无话可说，只能把话题锁定在家务事上。

但他们并不是故意的，照顾小孩花了他们一辈子的时间，剥夺了发展兴趣的机会。以前的社会，并没有教他们培养兴趣，一切都是“任务”，现阶段任务结束后，迎接他们的不是掌声，而是一条空荡的通道。

2. 爱下指导棋

有些人到了被称为长辈的年纪，会到达事业的顶峰，然后把 50 岁之前的人生讲得很颠沛流离。

这些人炫耀的不只是当前的功绩，更多的是过往的败绩。因此，他们在交谈时往往不去理会对话的脉络，而是任性地指着你说“你这样不对啦”或是“我看你们这些都是草莓族[1]”之类的干话，接着就是一长串耳提面命，姿态高冷，霸气侧漏，仿佛只要走进人生的岔路，他就会冲出来吹哨子把你赶到另一条路上。

这类反驳乍听之下很刺耳，缺乏同理心，其实背后都是社会的荆棘与时代的眼泪，内里则是长辈的温柔。

但要注意，这个症状的恐怖之处，在于我们年轻时都会告诫自己：“以后千万不要变成这种爱说教的大人。”等到30年后我们变成老人，眼前的年轻人会看着我们，然后立下一样的誓言。

3. 渴望掌声

讲白一点，就是“爱比较”。

有些长辈的自信心比较不足，从年轻时起就是“负二代”，一路苦上来，好不容易熬出头开了家工厂，挂上“董事长”的头衔，每年终于可以出去旅游两次，一次去亚洲其他地区，一次去欧美，然后回来后跟大家说，“这也没什么啊”，下次要去摩洛哥之类的，以及他们的孩子都在国外留学。

以上这些，都是他胼手胝足挣来的，辛苦一辈子，不太能接受次人一等，因此只要一开口，对谈就会变成拍卖会的竞价，他永远要比你更高价。“比较”已经变成他的生活态度，不只针对晚辈，对待平辈亦

1. 草莓族，指表面光鲜亮丽，却承受不了挫折的人。

复如是。

其实他们真正需要的，不是那些护照戳章或是孩子的入学证明，而是他人的肯定，这是某种防卫机制的变形，目的是保护脆弱的自尊。

4. 记忆退化

有些长辈，每年见面都会不厌其烦地问同样的问题，瞄准对方的痛处往死里问，甚至一天照三餐问，于是某些精神比较脆弱的孩子，会开始出现类似被鞭尸的感受。

有些人是没话找话聊，有人则是真的记忆出现了退化，而不是觉得这样玩你很过瘾。如果对方超过 65 岁，连续三年都出现这种症状，不妨找个机会帮他测试一下，只要把你做过的三种职业，或最讨厌的三个主管名字跟他说，过十分钟之后再考他，答错两个以上，就可以原谅他了。

长辈的战力等级

1. 良性

真正暖心的长辈。因为太熟，这类长辈反而常被当成路人，其实他对你的背景有一定程度的了解，通常不会废话，而是直接端出解决问题的方法，虽然有时会弄得好像一头热，却是发自内心的关怀，基本上只要认真响应他们就好。

2. 中性

害怕尴尬的长辈。这种长辈占比最大，大概接近八成，他们的问号就像从坏掉的水龙头里源源不绝地漏出来的，一来一往没有空隙。事实上，这样过招的目的只是要填满对话之间的空白，因为他们都有严重的“空白焦虑”。他们可能根本不在意你的回答，也没想过刁难你，但正是因为不熟，才希望场面不要冷场，如果你回答得太快或是沉默以对，往往只会激发他们的灵感。

3. 恶性

积怨已久的长辈。这可能源自上一代的恩怨，也可能是因为他的孩子不太成才，又或者自身性格上的缺陷，反正这世上就是会有看你不顺眼的亲戚，而他们的问候又往往不留情面地直击要害。总之，遇到这种长辈，请做好修炼身心的心理准备，拟好对策，请家人相互照应。最重要的一点，请认清这种长辈其实只是少数，除非你是家族里的败家子，长辈绕行款，不需要把所有人都黑掉。

长辈问候的类型（可参阅下页的路径图）

基本上不脱以下四种类型，它们彼此缠绕交错，连成一个没有尽头与曙光的莫比乌斯环，箭头后端只有两个方向：“联结到其他类别”或是“接受教诲”。

1. 课业

都考第几名啊？→现在补哪几科？→读哪所高中？→高考 / 考研

长辈问候类型路径图

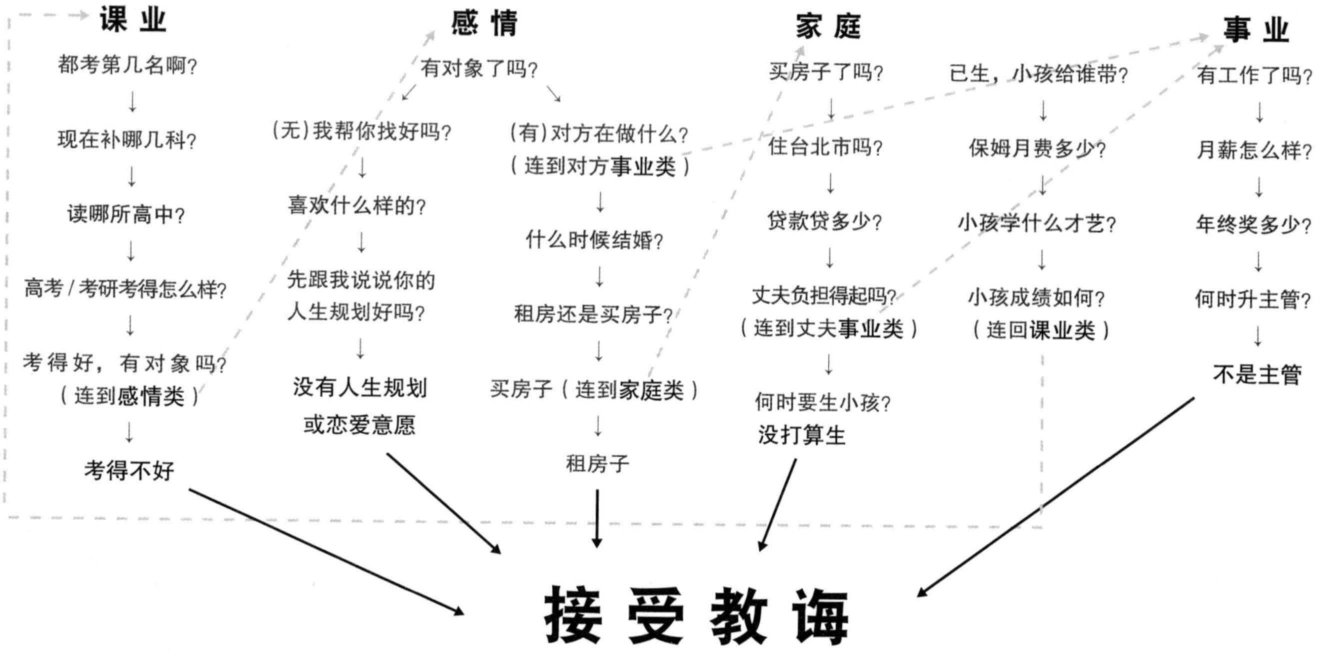
课业
都考第几名啊?
现在补哪几科?
读哪所高中?
高考/考研考得怎么样?
考得好，有对象吗?（连到感情类）
考得不好
感情
有对象了吗?
(无)我帮你找好吗?
喜欢什么样的?
先跟我说说你的人生规划好吗?
没有人生规划或恋爱意愿
(有)对方在做什么?（连到对方事业类）
什么时候结婚?
租房还是买房子?
买房子（连到家庭类）
租房子
家庭
买房子了吗?
住台北市吗?
贷款贷多少?
丈夫负担得起吗?（连到丈夫事业类）
何时要生小孩?
没打算生
已生，小孩给谁带?
保姆月费多少?
小孩学什么才艺?
小孩成绩如何?（连回课业类）
事业
有工作了吗?
月薪怎么样?
年终奖多少?
何时升主管?
不是主管
接受教诲

考得怎么样？→考得好，那有对象了吗？（连到感情类）→考得不好，接受教诲。

2. 感情

● 有对象了吗？→（有）对方在做什么？（连到对方事业类）→什么时候结婚？→租房还是买房？→买房子（连到家庭类）→租房子，接受教诲。

● 有对象了吗？→（无）我帮你找好吗？→喜欢什么样的？→先跟我说说你的人生规划好吗？→没有人生规划或恋爱意愿，接受教诲。

3. 事业

有工作了吗？→月薪怎么样？→年终奖多少？→何时升主管？→不是主管，接受教诲。

4. 家庭

● 买房子了吗？→住台北市吗？→贷款贷多少？→丈夫负担得起吗？（连到丈夫事业类）→何时生小孩（包括二三四胎）？→没打算生，接受教诲。

● 买房子了吗？→住台北市吗？→贷款贷多少？→丈夫负担得起吗？（连到丈夫事业类）→何时生小孩（包括二三四胎）？→已生→小孩给谁带？→保姆月费多少？→小孩学什么才艺？→小孩成绩如何？（连回课业类）

存活策略

1. 预先规划（适用所有长辈）

想活命，请先拿出纸笔，以这段假期为区间，规划出一份“行事历”。将可能会碰头的长辈们填入各个时段，并区分为良、中、恶三种战力等级（或在名字旁边标明符号），以及他们的问候类型。

这样做，一来能先“预习”各种关卡与策略，二来增加安心感，当恐惧化为实际的数字时，你会发现真正棘手的也只有那几个人。长辈们不会像千军万马般大举袭来，很多时候都是自己高估了对方的战力，一旦能摸透对方的底，你的信心就会增强许多。

2. 保持冷静（适用所有长辈）

在第一个长辈出现之前，周遭景物的流动会开始变慢，接着长辈一号穿着星星形状的拳击裤，在掌声的簇拥下，缓缓从右方的台角上场。这时候，这篇指南就是你身后那位穿着汗衫的教练，负责帮你按摩，捏捏你的嘴，提醒你保持冷静，回想一下我们学过的存活策略。

记住，“长辈也是人”。他的问候不一定带有恶意，很多时候他可能比你更焦虑，行程比你更满，甚至得事先花一整天的时间想问题，只为了维持长辈的形象；他们之所以看不出情绪的涌现，纯粹是因为年纪大皮肤比较松垮的关系。只要你能做个深呼吸，冷静以对，时间自然会过去，长辈不会一辈子住在你家，很多时候都只是三五分钟的侦讯一般，流程走完就解脱了。

3. 认真响应（适用良性、恶性长辈）

面对良性长辈，请放下心中的压力，因为这跟连珠炮的问句类型不一样，只需要回答单纯的问题，诚心接受建议就好，不需要角力的对谈是最轻松的。

面对恶性长辈，让我们直球对决。他要的很简单，无非就是找机会酸你，训训话，甚至煽动你的情绪。这时请做到不卑不亢，也就是说，“照实回答问题”。没对象就没对象，薪水低就薪水低，那又怎样？让他知道，你之所以很认真在回答他的问题，是因为把他视为长辈，但不管现状好坏，这都是你自己的人生，而他只是一个不太讨喜的临演。正经八百地响应，多半会让对方觉得自讨没趣，既无法抓住你的小辫子，当众揶揄似乎又有失长辈风范，几分钟内就会结束对话。这样做，既能顾全父母的面子，又不失掉自己的里子。

4. 必备句型（适用中性、恶性长辈）

网络上有一些听了自爽但实用性有待商榷的句型，在此提供较中肯的版本：

(1) 百搭句型首选：“跟之前差不多吧”。不仅能从容应付各种类型，即便放在每个问号后面都毫无违和感。

(2) 示弱句型：“我可能还要再努力一下吧”“没办法，我条件不够好”，等等。一旦愿意放下身段使用哀兵政策，通常都能在极短时间内结束对话，甚至换得心灵鸡汤一碗，争取同情分。

（3）面对“指导型”长辈的必备句型：“是是是，我会参考”。而且一定要注视对方的双眼，每隔几秒点一次头，虽然无法立即结束对话，但至少不用花心思响应。

（4）面对“爱比较型”长辈的必备句型：“说得有道理”“表哥这么厉害喔”，等等。既然对方喜欢竞价，那就让他得标，不断地“褒”他，最好“褒”到他双脚离地，你就当作在放风筝，赌的就是对方会因为害羞而稍加收敛（当然也有例外）。此类句型一出，印象分数保证加到爆表，但前提是要沉住气，不能吐。

（5）厌世句型：“很难说耶，要看公司／大环境／缘分／其他人决定”。直接把问题推给其他因素，制造一种听天由命无可奈何的软性气场。只要能做到同一句不断跳针[1]，就能彻底截断对话退路，若不想直球对决恶性长辈，这种句型也是解法之一。

5. 反客为主（适用中性长辈）

不想自曝隐私时，别紧张，因为当你成为被问候的那一方时，就等于掌握了套索，只要顺着自己的答案，就能巧妙地把绳索套回长辈身上。

譬如课业感情类，先用百搭句型响应后，再顺势以“关心”的姿态，

1. 跳针，在中国台湾地区的语意是说话天马行空、意思不连贯。

将话题转回对方的子女身上（“我就跟之前差不多吧。那表哥的工作还好吗？”)。如果对方没有子嗣，那就出卖其他的表兄弟或自己的老弟吧。

若是事业或家庭类，就把话题转回长辈年轻时的丰功伟业，以“讨教”的姿态展开话题（“我们就没有加班费啊。那二伯你们以前会延长工吗？”）。这尤其适合渴求掌声的长辈，这样做不但能延续对话，也能避免一直自我揭露造成尴尬。但若对方不是你想交换生活经验的对象，就跳过这招吧。

6. 借故逃脱（适用恶性长辈）

我承认这是很不妥的法子，连我自己用起来都觉得窝囊，而且逃得了一时逃不了一世，但不想交谈也没关系，毕竟硬聊是造成人体内伤的主因。

装病。戴口罩，缺点是必须全程戴好、戴满，一往下拉就破功。

手机设定闹钟 / 请弟弟打给你。时间一到，就推说：“不好意思，先去回个信息，等下就回来。”（最后这五个字一定要说，除了给对方台阶，也让对方知道你还是重视对话的。）

找家人救援。事先跟妈妈说好，时间一到就拉你去做事，虽然大家都知道你们只是在瞎忙。

拼命出公差。不要放过任何可以离开这个场合的方法，不断去买饮料、甜点，就算一直待在厨房也没关系；但别忘记厨房也是有长辈的，而且战力更强。

7. 转念心法（适用所有长辈）

这是强化心理素质最重要的方法，请记住以下几件事：

（1）面对长辈，不是什么一生一次的对决，充其量就是几分钟的交流。

（2）这些问候，其实也会在一般场合出现，不需要将之妖魔化。

（3）不是他们想跟你聊隐私，而是他们没有其他话题，毕竟你们真的不熟。

（4）不是所有的长辈都很难搞，你要应付的也许就只有那么一两个。

（5）大部分时候，他们比你更焦虑。他们平常活得好好的，难得放个假，却必须面对一群小屁孩，而且对方还用拙劣的方式敷衍自己。

（6）长辈虽然难缠，但他们的孩子可能也正遭受我们父母的荼毒，就当赎罪吧。

最后，这份指南的存在目的，不是教你如何避免面对长辈，而是让你成为一个更酷的长辈。

人际关系的酬赏

真正懂你的，
一个就不嫌少。

“我真的没朋友。”

一般人大概很难相信这句话在会谈室出现的频率有多高，大家根本是前仆后继地跑来跟我抱怨自己没朋友，没朋友似乎成了一种传染病，于是人们正在轮流失去彼此。我从来不知道交朋友的门槛这么高。

没错，交朋友是世界难题，五月也是这么想的。

五月是个长发轻熟女[1]，双子座，29岁，公馆大学法文系毕业，三年前从法国留学返台，目前在东区某贸易公司担任业务助理，负责法国保养品的进口业务。

由于她会英、法两门外语，天生九头身[2]优势，又是整栋楼最懂穿

1. 轻熟女，指25~35岁之间、新兴的都会精英女性。
2. 九头身，言身材条件优越。

搭的女性，因此常被业务叫去现场救火。只要她一坐上谈判桌，即便只是协助翻译，通常不用等业务提续约条件，对方就会开始想象自家商品摆在她脸上的样子，所以在十几位业务助理中，她是晋薪最快的一位，跻身“职场胜利组”毋庸置疑。

但剧本没有这样往下写。

五月是在一年前找上我的，那时正逢她第二次加薪，然而，这件事却没有帮她的心情加值多少。

对于“交朋友”这件事，她从小就比较被动，但胜在外在条件优越，成绩也没掉出前三名，总是安静倾听，察言观色，即便心有定见也从不明说，就怕给人留下自大的印象，因此，这种毫无杀伤力的学霸形象光环，让朋友不断地自动送上门。不过没什么人知道，五月其实不喜欢这种感觉，因为这代表在人际关系中——她是被选择的一方。

上大学后，由于志趣相投，五月和室友以及其他两位同学，成了法文系最会穿搭的四人组，那是她有生以来第一次被“拼进”正确的拼图。当其他三人都成了在线杂志的外拍小模时，五月担任的是造型顾问，这是她感到最舒适的位置。她的美学成为指标，意见成为决策，再也不用担心发言会给人自大的印象，这种合拍的感觉让她甚至害怕毕业。

果不其然，毕业后，另外三个人，一个准备远嫁魁北克，一个转往东京念设计，一个回南投搞文创。顿失重心的五月，在教授建议下到巴黎念哲学研究生，目标是前往中研院。那时的她毫无头绪，不敢预期人生还会再出现如此幸运的四年，但也不想立刻投入职场，因此只好避走法国。

可惜只要是人类存在的场合，就绕不开社交，即便跋涉千里也殊途同归。在法国，五月参加晚宴的时间比待在研究室的时间还多，由“人情”架构的学术圈，学术倒成了其次，这让她又退回成了那个安静的五月。但鉴于大学的美好回忆，这次她不想待在喧嚣的聚会里虚度时日，于是决定把时间还给论文。那段时间，除了偶尔上线向三位渐行渐远的闺密吐苦水，她唯一的朋友是个学长，学长习惯用毒舌替代关怀，因此从来不叫她的法文名字，而是叫她“巴达米”（pas d'amis[1]）。

拜学长所赐，除了“崩啾”（bonjour[2]）之外，我又多学了一个法文词汇，而且这两个还可以组成一句超酷的问候语：“崩啾，巴达米！”现在你可以把这句话教给任何一位你希望他在法国街头被“抽打”的朋友。

后来家里的经济出了状况，论文结束前半年，五月飞回台湾，在

1. 意思是“没朋友”。
2. 意思是“早啊”。

图书馆查文献时认识了现任男友。

男友从事金融业，小她三岁，个头不高，看起来就是那种担心女友被抢走的小哥。小哥是个贴心的人，不只体现在行动上，还完全尊重她的兴趣。他支持五月注册社交网络账号，鼓励她分享穿搭，连美照都由他操刀，最难得的一点，是她丝毫没有感受到对方勉为其难。男友是真心陪她一起投入这项兴趣，只差没下海试穿连衣裙，这举动让五月感到安心，却也羡慕。

要能不“勉为其难”，何其困难。

论文完成后，迫于经济压力，她等不及到中研院面试，便在姑姑引荐下进入熟人开设的贸易公司。五月虽然安静，办事却眼疾手快，前两周就摸熟了行政流程，毕竟她最擅长的就是记忆，因此麻烦的并不是这件事。

公司有十多位业助，分属三个小团体，碍于地缘，她不幸遭四名大婶夹杀，被纳进了大婶团麾下。大婶们每天午休都会去吃烩饭或订餐，交流办公室情报搜集结果，然后逛街看名品衣服，顺便骂骂自己没用的丈夫。五月能做的，就是穷尽全身的力气，在附和赞赏那些奇怪花纹的衣服时，尽量不让自己虚脱。派系之间的斗争让她觉得厌烦，有时她只想一个人安安静静地吃顿饭，但又不想让自己看起来很可怜，于是说服自己，至少五人合体的画面看起来比较有归属感。

她唯一的乐趣就是追踪韩国街模艾琳·金（Irene Kim）的社交网络账号，这是她的灵感来源，日子一久，她的社交网络账号也开始有人追踪，但不包括她妹。妹妹是现实生活中，少数能和她的美学直觉匹配的人，偏偏两人八字不合。妹妹总觉得五月的面瘫体质根本不适合入镜，如果哪天她的社交网络账号追踪人数开始往下掉，一定是“粉丝”终于认清这个事实，还劝她找个不怕镜头的小模，最后把上述结论打成文字放进留言里。因此她只要一看到妹妹的留言便自动跳过，渐渐地，就连那些“粉丝”的留言也一并跳过了。

为了早日脱离大婶团，一年多前，她和男友考取了母校的EMBA（高级管理人员工商管理硕士）。文科出身的她，商学底蕴不足，有时只好拿午休时间来补强学业。就连平日晚上，她还参加了两个读书会，里头全是一派正经的金融人，每个家伙都盼望着两年内拿到毕业证书当跳槽筹码。他们身上没有时尚基因，连“时尚”这个词的英文都拼不出来，大家觉得那是肤浅的话题。

而四人帮在其他三人陆续当妈之后，照样聊时尚，但聊的是童装与扫地机器人，在意的是母乳与辅食，没有人关心她的社交网络账号与事业，一次都没提。

那时的五月，事业、学业两头烧，突如其来的晋薪反倒惹得大婶团眼红，这下连唯一让她有归属感的团体，也开始疏远她。

那是五月第一次了解人为何想自杀，不是想死，而是不知道该怎么活。于是，她在男友的鼓励下，前来就诊。

这一年多来，人际议题一直是五月的咨询热区，那种“不知是否该勉强自己加入团体”的感觉，始终困扰着她。

而这一回，她跟四人帮起了争执——严格来说，是她单方面受到攻击。

“我只不过说现在不想结婚，结果就被围剿得体无完肤。这真的很奇怪，我从以前就很尊重每个人的意见，更不会随便反驳，但为什么大家可以脱口责难我，还一副理所当然的样子。”

五月那天穿着一件从日本买回来的合身的短袖衣服，芥黄衬底，黑白条纹相间，套上麻边白鞋，挂着墨绿耳环，整体搭配非常完美，除了那张涨红的脸。

“三个人一开口就是育儿经，我也只能‘嗯哼’，但我真的不觉得现在的我有那么需要当妈，也不认为女人一定要当妈。结果不行耶，说我不会想，还说结婚就要趁现在，再晚就要掉身价了。但我现在只想专心冲事业和学业，顺便把社交网络账号做起来。我之前常翻译《时装》（*L'officiel*）的短文，那是一本法文时尚杂志，结果有个厂商因此相中我，要我接服装业配，男友也鼓励我当个斜杠[1]业助。但让我心烦的是，我根本不上相，也找不到人当我的小模。而这些事，我的姐妹全都不在乎。”

“你当初干吗不去杂志社工作？”

“这是我唯一有热情的事，我不想让它变得讨厌。”

也对。

“我真的没朋友。平时一个人吃午餐就算了，连姐妹都围攻我。平日就是不断工作，假日就是不断读书、听课、交报告，网上那么多人追踪，却找不到一个人陪我逛街，连妹妹都只会吐槽我，他们绝对想不到屏幕另一边的我竟然活成这样。”

她突然泛起泪光，认真地看着我。

“我觉得自己超惨的，我唯一的朋友居然是我男朋友。”

“你很幸运。”

---

1. 指斜杠青年，“斜杠”是他们的代名词。这些年轻人不再满足“专一职业”的生活方式，而是选择拥有多重职业和身份的多元生活。在他们的自我介绍中会用斜杠来区分，例如：李四，小学教师 / 舞者 / 摄影师。

“怎么说？”

“我有个学姐，她唯一的朋友是别人的男朋友。”

她笑了。我始终无法相信，拥有这种笑容的女人居然没朋友，我比较相信那些原本应该要成为她朋友的男性，全都被她男友给埋了。

“我现在一看到空白窗体，就浮现出被嘲笑的感觉，那就是我的人际清单，没有任何名字在上面。如果谁能开发出什么人际地图之类的APP，在输入条件后就有红点会自动跑出来的那种，我一定抢头香！”

有道理，这铁定比当娃娃机台主还有赚头。

“反正我只想找到新的朋友，有一两个都好，你觉得有办法开发吗？”

“软件不是我的专长，但我可以提供其他的做法。其实交朋友这件事，对社会心理学家而言是个非常科学的过程，它谈的是人际吸引。其中有个学者叫艾略特（Elliot Aronson），艾兄很喜欢研究人际吸引的议题，还提出了一个‘酬赏理论’（Reward Theory of Attraction），意思是只要能‘让对方以最少的代价获得最大的酬赏’，就能拿下这段友谊。酬赏物包括物质、赞美、知识或关心等。讲白了，就是站在‘你能端出什么菜来满足对方’的角度，来诠释人际关系的运作。

“可惜事情没那么顺利，并不是说你给了酬赏就会奏效，因为对方可能根本不缺酬赏，也可能因为距离太远送不到他手上，又或者双方酬赏物的属性重叠。

“总之，即便你有办法给出酬赏，也要符合下列四项条件中的其中一项才行。”

我拿出白板，用黑笔把板面切割成四个象限，依序写下这些人际吸引的条件：

相近度（Proximity）：宿舍	相似度（Similarity）：社团
互补需求（Complementary Needs）：分组报告	外表吸引（Physical Attractiveness）：颜值

“为了便于说明，我会以学校经验为例。首先，相近度指的是‘距离远近’，这是一种很基本的物理条件，也就是说，想交朋友，建议从周边的群体下手。因为即便你有一堆酬赏物，人生没有交集也是白搭。举例来说，同样都能给出酬赏，同修一门课或同住一间宿舍的群体就比较容易成为朋友，因此很多大学生的第一批朋友就是从室友开始的，然后这群人就会步上每天只想打麻将、玩电动的不归路。

“相似度和前一个条件相反，它比较接近一种精神条件，也就是‘价值观的交集’，譬如社团或读书会。一群人因为共同兴趣或目标而串联在一起，给予彼此对应的酬赏，大多是知识与情绪支持。因此，周围若没有适合人选，你就得找到一群志同道合的家伙，至于缺乏人生兴趣的家伙，这条路就算是断了。

“互补需求，强调的是‘个人强项能否契合对方的需求’，譬如分组报告。有人擅长整理信息，有人宁愿打字，有人享受上台，有人习惯神隐。所谓‘神队友’，指的就是个人强项恰好能顺应团体需求。因此想交朋友，不是拓宽自己的守备范围，就是要找到能互补的对象。互补需求的原则，多半适合用在男女关系上，也就是说，当你的酬赏物能在一个群体或一段关系中拥有‘不可取代性’时，你就拿下它了。

“最后一项，也是最显而易见的条件，‘颜值’。颜值本身就是一种社交资产，颜值高的人通常能在第一时间吸引异性，尤其是新生，接下来三个月保证衣食无虞，室友也会鸡犬升天，跟着受惠。颜值除了吸引异性，也会吸引一群水平不相上下的群体，就像你们四人帮，但颜值的有效期比较短，通常会被‘性格’这个因素所影响。”

“所以，如果我想交到新朋友，可以从这四个条件进行开发。”

不知是不是业助当久了，她真的很喜欢用“开发”这个词。

“是的，理论上是如此，毕竟我们的朋友来源通常都不脱以上这四点。”

“好，来吧，我需要你帮我开发一下！”

五月并不知道，这句话对世界上所有的“大叔”而言，是很考验定性的，以往会说出这种台词的女生，下个动作就是开始咬手指了。但我现在完全没有胡思乱想的空间，因为她摆出认真的姿态，拿出从韩国买回来的笔记本，战战兢兢地奋笔疾书。

于是我二话不说，拿着黑笔朝向白板，把四个条件全部划掉。

“啊咧？”在惊慌中，五月冒了一句日文。

“不用开发，因为你全都开发完了。”

“开发完了？”

“首先，办公室大婶团是离你最近的群体，那四人就是你的‘相近度伙伴’，但你没办法认真对待那些八卦，也无法跟她们一起看不时尚的衣服，你能给的酬赏是情绪支持与陪伴，但你们的价值观没有任何交集。所以，你努力过了。

“读书会成员，则是你的‘相似度伙伴’，但那些家伙脑中只有毕业证书，而你也不是真心拥抱那些商用术语，你们的交集就是期末分数。至于你的姐妹们，已经全然抛弃跟时尚有关的话题，成为时代的眼泪。所以，你努力过了。

“你的颜值，咳……”我干咳了几声，设法让接下来的话听起来不像骚扰，“你长得很……反正你很清楚自己的斤两，加上你已有家室，不需要靠这项来吸引人际。

“至于最后一项互补需求，目前为止，只有一个人符合互补条件，那就是你男友。”

五月看着白板上被打叉的四个象限，她的坐标没能出现在新的行星上，于是有点崩溃。

“所以今天的会谈，只是用来确认我的人际关系没救了吗？天哪，真是地狱！”

“你知道什么是真正的地狱吗？”

她摇摇头。

“降落在错误的行星上。”

我把白板移走，继续说：“我们想象一下，你不想一个人吃饭，于是决定与大婶团和解，再度陪她们走进店里，看她们轮流穿上会让你的审美机能完全瘫痪的衣服，而你只能事先吃镇静剂。最惊悚的是，如果一次购买五件衣服打七折，就差你一个的时候，那件极品会住进你的衣柜，直接让你的衣柜中毒，我敢保证那才是让‘粉丝’瞬间掉五百人的原因。为了维持你的读书会友谊，你得装出一副对媒体企业演进史超有感的模样，而他们只希望你不要扯后腿。下次跟姐妹们抬杠，你说结婚似乎也可以纳入选项时，她们就会说‘是不是，是不是……’，然后给你一堆拍婚纱、选月子中心的建议，你的事业从此被埋进对话底层。最后在某个星期天上午，你在妹妹的房门前深呼吸，然后敲了敲门，亲口承认自己面瘫，为的只是能让她陪你一起挑衣服。现在你告诉我，这样的日子，你觉得像什么？”

“地狱。”

“其实，交朋友除了上述那四个条件之外，还有一个最重要的条件。那是我认为最重要，而教科书也不会告诉你的条件。”

“什么条件？”

“不勉强。”

她露出一种似乎可以领会，但又不太确定的表情。

“所谓人际关系，是由场域跟人心缝合起来的，也就是说，即便拥有了物理条件，相关人员也都到位，但重要的是你的意愿，你才是整个联结的中心。要是连你都不敢想象这段关系的前景，就算端出上好的素材，你也打不出好牌。

“勉强，就是把不情愿表现得迂回一些，把裂痕维持在可以容忍的范围。生活中，我们都会勉强维持某些关系，因为它关乎你能否糊口，但若与这无关，纯粹是你自己渴望得到的关系，无论是友情或爱情，还是亲情，那就别委屈了。

“记住，‘勉强没幸福’，这五个字适用于任何一段人际关系。因此目前的你，状态才是最好的。”

“怎么说？”

“因为你选择不勉强自己，才得以脱离地狱。”

“但就算脱离地狱，却来到荒原，这样有比较好吗？只是更寂寞而已。”

“没错，站在统计学的角度，只有一个人能听你讲心事，确实有点寂寞。但比这个更寂寞的，是你明明身处在一群人当中，却没人在意你在意的事，那种对比才真的让人痛苦，那就跟一个想钱想疯了的家伙跑去当运钞车保安一样痛苦。”

我知道接下来的话，会陷入超不帅气的大叔说教模式，但我还是决定说出来。

“真正懂你的，一个就不嫌少，毕竟我们也只有一颗心，只要它能被善待，是被一个人全心照顾，或是被一群人轮流照顾，又有什么分别？”

这回，她露出心领神会的表情，或许她一直都知道答案，只是要找个专家背书而已。

五月临走前，我突然想起一件重要的事，于是叫住她。

“对了，你似乎很少看网上的留言，也几乎不回应‘粉丝’，是因为妹妹的阴影？”

“你怎么知道？其实是因为我妹说的是事实，面瘫的人哪有资格回应‘粉丝’。”

“其实我都有关注你的账号，面瘫也是一种风格，山下智久不也活得好好的？”

她害羞地吐吐舌头。

“看看这三个月的留言吧，我记得有个戴琥珀镜框的妹子很执着，她一直问你是否需要小模。愿意的话就聊一聊，你想开发‘相似度伙伴’？这是最好的时机了，你也能走回幕后下指导棋，四人帮虽成历史，但我相信两人组也很有看头。”

五月点点头，露出不曾出现在镜头上的微笑。

至于那位执着“粉丝”是谁？那是一个月前的事情了……

学会独处，才是自在的极致表现

当你感到孤独的时候，
不要忘记，
你还能跟自己相处。

“我真的没朋友。”

这句话，小马比五月还要早说一个月。

换作别人，这几个字可能只是一串无病呻吟，但若从小马嘴里跑出来，那就是动真格的，她的人生一定正在流失一些东西。

小马是外科重症监护病房（ICU）的护理师，25 岁，总是戴着琥珀色镜框眼镜，扎个小马尾，代称由此而来。倘若把眼镜摘掉，马尾放下，即便素颜也是正妹一枚，但会是那种生人勿近，让“阿宅”自动退去的冷颜正妹。

小马之所以找上我，与我的个人能力无关，纯粹是因为对故乡的心理科没信心，而我们医院又离她前一个工作地点够远，不用担心遭前同事指认，反正宿舍还没退掉，因此她宁愿舟车劳顿地北上来赴诊。

一直到念护专之前，小马的成绩并不突出，突出的只有个性。那是她爸妈最想拔掉的刺，因为总是把世界戳得坑坑疤疤的。她从小就不喜欢被勉强，她不想去补习，不想一边拉小提琴，一边还要装得很陶醉的样子，不想跟讨厌的二舅打招呼，不想穿姐姐穿过的衣服。然而在那样的年纪，注定要被勉强做很多事情，因为那是世界训练一个人的方式。但她不喜欢这样的训练，因此总是板着一张脸，把它当作一种证据，这个世界正在勉强她的证据。

不想被勉强，导致小马的成绩非常固定，她以一种偏食的态度来吸收知识，因为原则很明晰："只念自己喜欢的。"

面对人际关系，她也是同样办理，只交自己认同的朋友，对味的才会放进口袋，其余的只是应对行礼如仪。她根本不在乎假日要跟谁出去玩，如果只是去凑人数，还不如做自己想做的事。

小马处理人际与完成学业的方式，已经达到可以被逐出家门的地步。毕竟爸爸是里长，大伯是农会理事，小马的处世原则与家族背道而驰，让她成了地方人际网的漏网之鱼。但她对此不以为意，她只想看看网外的世界，她才不想长大后去农会或渔会当助理。

由于成绩优弱势明显，长期以来偏废数、理两科，让爸爸对她上高中这件事已不抱期待，而她本人也不想考高中，反正药学系的姐姐才是家门荣光。

小马从小只崇拜当护理师的姑姑。她认为姑姑是家族里唯一对社会有实质贡献的人，于是一心认定护专是自己要的。在姑姑的鼓励下，最终她如愿考上了北部的护专。

北上的前一晚，爸爸刚从办公室回来，然后把她叫进房间，塞给她一个红包，紧紧握着她的手说："想做什么，就去做，你跟姐姐不一样，遇到困难就回来。"爸爸露出某种喜忧参半的神情，一直以来，小女儿就像一本艰涩的书，让他绞尽脑汁，现在他终于翻到最后一页。至于有没有读通，小马并不确定。

她只确定，那是爸爸对她说过最温柔的话。

进入护专之后，小马每学期都拿第一，在其他女生抢着和大学男生联谊时，她已经把每日课程当成职前训练，就连去军营帮忙扎针都是一次过关，从来不会"凌迟"那些可怜的兵。

专三那年，小马对心脏产生了兴趣，相对于复杂的大脑，这是个只有四个腔室的简单构造，却成为人体的重要动力泵。"简单而重要"，对小马而言，是个非常迷人的形象，因此从五专、二技[1]乃至实习，从内科走到外科，她一路跟随着这个脏器，找到了人生的重心。

被戳得坑坑疤疤的世界，终于漏进了一些光线。

1. 中国台湾地区学制名词。五专指在初中毕业后读五年，前三年属于高中，后两年属于大专，课程设计偏向实用，毕业获得大专学历。二技指五专毕业后再报考二年制技术学院，毕业后可获得类似于科技大学的学士学位。

毕业后，她一心进入心脏外科重症监护病房，那是个新手避之唯恐不及的雷区，因此大家都在等她被抬着出来。心外 ICU 主要是照护心脏手术后的重症病患，有做开胸手术、心脏移植的，有心衰竭患者，甚至连肠破裂的患者都有。一旦走进心脏外科，四周都是垂危的生命，病房除了需要急救与护理技术，反应也要够机灵，才能应付突如其来的出血问题。

那几年，让小马汲汲营营的是重症病理与急诊重症监护训练，而不是人际关系，她不喜欢跟反应慢的组员合作，却又担心自己被挑剔，因此只把学姐们（其中一位是她的督导）的意见放在心上，最后在督导学姐的引荐下进入叶克膜团队。久而久之，她把自己和三位学姐看作同一伙的，每天一起吃饭，一起参加研讨会，顺便喷喷难搞的家属，互相取暖。

她不在乎被叫“臭脸人”[1]，也不太需要社交活动，光是工作与进修就够她忙的，闲暇时能看看直播、上上网，到东区扫个韩货，就是她生活的小确幸了。

此时，她的生命中出现了一位重要男性—— 一名外科医生。这是小马有生以来，第一次想亲手喂男人吃东西，但喂的不是葡萄，而是子弹。

1. 网络用语，有些人天生长相凶恶，好像随时会不开心、发脾气，其实并非如此。

考虑到外科现场如战场，日夜面临生死攸关，医生习性暴躁也是情有可原，但这个秃头的家伙不一样，他把自己当成了“皇阿玛”，医嘱必须被奉若圣旨，旁人皆为随从，完全把白袍穿成龙袍。不仅如此，他还有个“三秒原则”，也就是当他需要谁出现时，那人就要在三秒内立刻出现在他眼前；我上一次听到这么任性的原则已经是 11 年前，出自军中一个人缘很差的班长，后来那家伙因为贪污被调到外岛。

秃头医生从来不赏护理人员好脸色，小马更因为“三秒原则”而被他电了不下百次，连她的督导师父也只能事后摸头。加上叶克膜的护理难度高，稍有失神就有可能丢掉一条命，她的日子过得战战兢兢，月事紊乱已是家常便饭。于是在某天下午，小马照料的一位中年妇女因叶克膜延命失败过世，在目睹她拔管之后，小马毅然决然地，离职回乡。

就这样过了三个月，心理阴影面积有增无减，却没接到任何一通关心电话。没人在意她的现况，唯一能证明她曾存在的是那张旧值班表，但她的时段已经被涂上修正带，填上新的名字。她决定把自己被遗忘的这件事全都归咎到秃头身上，于是来会谈的时候，她劈头第一句就是：

“我要怎样才能捶到那家伙的秃头？”

坦白说，这种要求我这辈子没见过，而且我相信没几个人能成功。

姑且不论对方的身份为何，这种事光是演练就很冒险了，不是每个人都能用周星驰打光头王那招的。但我对于首次见面就邀你打秃头的女孩很感兴趣，于是顺着这个话题往下聊。我们在 40 分钟内探讨了各种切入角度，使用空气动力学计算拍打弧线与头皮的摩擦系数是否吻合，还模拟了数十种逃生路线与下跪的方法，每一招都百分之百保证会被告，于是最后我提出了一个疑问，如愿结束了拍打秃头的话题。

“想象一下，如果那家伙的秃头上面有汗，你还敢捶吗？”

“有汗？”

“就是那种灯光照下来，它会变得很显眼，你会忍不住想多看几眼，为它提心吊胆，担心它流下来，甚至有股冲动想帮它擦掉的汗。你想亲手擦掉那些汗吗？”

从她的表情我很确定，她绝对不会勉强自己。

拜秃头所赐，我们的医患关系得到了升华，接下来三个月，会谈议题从复仇转移到新工作，最后她确定到北部某家肾脏科诊所面试。然而，就在面试通过后的那次疗程中，也就是一个月前，小马毫无预警地退回先前糟糕的状态，一进门，就说出那句经典开场白。

“我真的没朋友。”

我两手一摊，看看四周，以为自己回到了三个月前。

“我说过我朋友很少，也知道自己脸臭，但我不在意，因为我觉得上班就是要学技术、救人，然后赚钱，我唯一认定的朋友就是那两个学姐，还有我师傅，一起工作三年多，真的是革命感情，虽然会随时被骂，但还是可以一起抱怨，一起合作。她们时常称赞我，最后还推荐我进入叶克膜团队，要不是那个秃头……”

我又不自觉地想起那片汗被捶掉的样子，这让我有点痛苦。

“我想说再过几周就要回来北部工作了，所以上个月想找她们一起吃顿饭，结果每个人都超冷淡的，说什么有空回我，要不就回个爱心贴图，后来就没下文了。没想到上星期她们发了聚餐合照，时间点就跟我原本约的时间差不多，我看到都快晕了。”

“觉得被背叛了？”

“超级！我完全不懂，过去那三年的友谊代表什么？真的不能人前人后一个样吗？你们如果不想跟我出去，就直接跟我说没空，给我个痛快也好。已读不回的信息，有时就跟叶克膜一样，以为是在延命，其实就是种凌迟。

“过去那半年我超寂寞的，虽然离职是我自己的决定，没理由去烦大家。但其实有时候我还是希望他们来关心我，什么人都好，传个信息也好，一直看到大家在社交网络上的合照，我就会觉得很沮丧。

“结果从那张照片贴出来到现在，我整整一个星期都在颓废，我甚至无聊到跑去查你们家的诊断准则，发现我好像符合什么分裂型人格的诊断。没想到我竟然一点都不难过，反而比较释怀，至少找出病因了。”

别闹了，怎么可能释怀。

先简单解释一下“分裂型人格障碍症”（Schizoid Personality Disorder），这是A类群人格障碍的一种。“人格障碍”细分成A、B、C三大类群，共10种。另外还有“边缘型人格”与“强迫型人格”，分属B、C两类群。

“分裂型人格”的人有个特色，就是“希望断绝与世间一切的联系”，不是因为绝望，逼他们跟人亲近才会让他们感到绝望，离群索居反而能让他们感到自在。他们不享受亲密的关系，对赞美或责难也无感，堪称边缘人的翘楚，但并不是因为被谁逼到边缘，而是自愿流放边疆。因此他们根本不会觉得自己有问题，通常都是由家人带过来评估，原因大多是不想结婚。

我遇过的案例中，有两位是自己开工作室的计算机工程师，一位是气象观测员。职业属性说明一切。

但是，我完全不认为他们有问题；相反，我认为他们找到了适合自己的位置。至于结婚与否，那是普世价值。普世价值是人情议题，鉴别诊断是病理议题，因此我认为他们并没有障碍，顶多符合倾向，可想而知，他们的家人并没有笑着离开。

“如果只是粗略地对照准则，确实有些相似，但你和分裂型人格障碍之间有个最大的区别……”释疑了一大串之后，我对她丢出这句话。

“什么地方？”

“你还是很在意他们。”小马推了镜框，我继续说，“这表示你依旧渴望与人联结，尽管人数不多。而且对于熟悉的人，你仍然看重他们对自己的评价。光是这两点，就可以暂时把你排除诊断了。”

“那我到底是什么诊断？”

“挑剔症，英文叫 Picky Disorder，是一种非特定性的人格违常倾向。”

看她认真记笔记的样子，我真是超罪恶的，我以为她知道这是个玩笑。

“其实你有没有想过，那三位学姐是怎么看你的？”

“可怜我吧，没人缘又脸臭的学妹。”小马彻底陷入厌世模式。

“后半句很中肯。”我说道。然后她瞪我，我接着说：“不过，如果可怜你，为什么把你拉进叶克膜团队？那是有风险的，但关于她们怎么看你，或许你有点混淆了。”

“怎么说？”

“你说那三位学姐本身是同辈，而其中一位是你的督导吧。”

小马点点头。

“也就是说，你们比较接近师徒关系啰。”

“师徒也可以是朋友啊。”

“当然，但相较于你们的师徒身份，她们是同辈，关系一定会更紧密一些。你在她们眼中，应该是个特立独行而又有能力的学妹，因此才想提携你，而不是可怜你。我不确定你们的友谊是建立在专业上，还是私人关系上，因为很多人会混淆这两件事。加上你们之间有位阶落差，因此更私密的心思或许只会在她们彼此之间流通，于是在你离开之后，她们并不会感到特别失落，因为她们还拥有彼此。”

“是这样吗？”

“这只是我的推测，像我督导的学生哪敢跟我吃饭，对他们来说根本就是鸿门宴。师徒之间，本来就不可能像同辈一样平起平坐，今天要是你师傅跟你一样独立还好讲，但偏偏她还有两个好姐妹，这关系顺位无论怎么看，你都不可能跑到前面。”

“那她们大可拒绝我啊。”

“我猜对方会这样做，正是因为她们还在乎你的心情，因此犹豫着该如何拒绝你。至于理由，或许是因为你离开了半年，距离一远，情谊也会被稀释，这半年你们都没联系，吃饭时怎么开话题应该让她们很苦恼吧，总不能把你晾在一边。又或许你师傅收了新的学生，正准备展开一段新的师徒关系，把先前的革命情感转到另一个人身上。关系的亲疏远近，在一个人离开之后，才会真正地显现出来。”

“反正就是我自作多情。”

“这不好说，或许真的是你对这段感情产生误判，她们或许就是把你当作感情好一点的学妹，但没好到要排除万难重聚，这种回馈的落差，一定会让你很不好受。但你之所以会这么在乎，是因为这半年你严重缺乏人际关系，而她们如果对你表现得可有可无，是因为她们本身就建立了比较紧密的人际网络，两相对照，结果就显得残忍。但这局面也算合理，毕竟你的付出，在她们看来就是学生原本会做的事，学生离开，责任已尽，你不能期待她们用平辈的方式响应你的心情。”

“我也知道要多交朋友，可是有时候就是跟室友聊不起来啊。”

“所以你一直选择不勉强自己，这很酷。但正是因为你选择做自己，所以要付出相对的代价。那些你平常没有建立起来的关系，不能奢望在这种时候会拉你一把，也就是说，在你选择做自己之前，就必须在‘没有后援’这件事情上面做好心理准备，确保自己够强壮。想变酷，你就要成为自己的后盾。

“孤独不一定关乎人气，有时候是因为你想做自己，因此一个人，也只是刚好而已。”俗了俗了，我居然还押韵。

小马泄气地瘫软在沙发上，那根刺仿佛把自己戳了个洞。因此，我随口问道：“过去半年，你怎么安排生活的？”

“我一直在看书。离职后，我觉得肾脏科诊所的前景不错，又跟长期照顾有关，所以就把血液透析和腹膜透析的教科书都读过一遍，也看了人工肾脏的文献。我白天比较有精神念书，下午就轮流去做空中瑜伽跟游泳，晚上一般都追剧，然后上网。我这半年追了好几个博主，很棒耶，都不用花钱买杂志。有空就找几个初中同学出来吃饭，假日也会陪爸妈骑自行车。大概就这样，没什么特别。”

“你完全把生活的缝都填满了啊，不留余地，你这样跟矽利康[1]有什么差别？”

1. 指模具硅胶。

“这些都是我喜欢的事，我的兴趣还算广泛，但不一定每个人都喜欢，所以才觉得交朋友麻烦，我不想勉强其他人一起做这些事。”

“追剧很棒，这也是我跟自己相处的方法。像我老婆在我的训练下，已经开始思考每个镜头的摆设美学，预测重要桥段的转折，体会交叉剪辑的重要……”

她一边听，一边摇头，露出一副“你老婆真可怜”的表情。

“被拒绝的心情肯定不好受，但至少能提醒你一件事，那就是你很会独处。有些人因为怕寂寞，每天把行程塞好、塞满，试着让自己看起来很忙，但其实根本没有投入，他们的人生没有真正的乐趣，只是一直担心别人如何看待自己，担心自己看起来很孤单。你不一样，你是真的把自己有兴趣的事情进行到忘我，那才是真的自在，对你来说，这是值得庆幸的事。”

学会独处，才是自在的极致表现。

“所以意思是，如果我要过得自在，还是不要交朋友比较好吗？”

“当然不是，并不是要你刻意追求孤独，不需要做到这么极端。而是当你感到孤独的时候，不要忘记，你还能跟自己相处。”

小马离开前，我叫住她，顺便给她一点鼓励。她这几个月的穿搭功力突飞猛进。

“你说这几个月开始追了好几个博主，看起来成效显著啊。”

“我们有个韩货社团，几乎都在跟风韩模艾琳 · 金，主要是代购与穿搭分享。这个社团本身也会推荐不错的博主，就这几个，你看。”

小马打开手机屏幕，一连扫了好几个账号，此时我眼睛一亮，其中有个账号叫 May，没错，就是五月！于是我灵光乍闪，鸡婆心开始运作，一手指向五月。

“这个怎样？感觉有点面瘫。”

“对啊，她比较僵硬，但穿搭能力却是里面最强的，我非常崇拜她。”

“都不笑，看起来有点骄傲。”

“才不是咧。”小马点到其中一篇《时装》的翻译短文，“她很认真，短文会点出穿搭重点，译得也很通顺。你注意看，每篇文章最后都会写‘要微笑喔’，我以为她是写给读者，但看久了之后就会发现，她其实是写给自己的。我觉得她并不高傲，应该只是害羞而已。”

我感动到只差没把白袍脱下来给小马穿。

“所以我想她应该找个模特，然后她负责搭配，这样就无敌了。她很早之前有征过一次小模，但后来好像删掉了，我很想支持她，无酬当她的小模我也愿意。可是我的留言她都没有回，我也不好意思热脸贴冷屁股，有了学姐的经验，我不想再这么尴尬了。”

我想起五月之前曾提过妹妹留言的事：“或许她根本没看留言啊。这样吧，你再持续一个月试试看，厚着脸皮，当作交朋友的契机吧，说不定有什么奇迹之类的。”

没等我讲完，她已经开始留言了，穿越坑洞漏进来的光，照映在她的笑容，以及那些正在进行的句子上。

中篇

自我的困境

强迫型人格主管与他的死亡笔记本

有时候给出弹性并不是为了松懈，而是为了喘息。

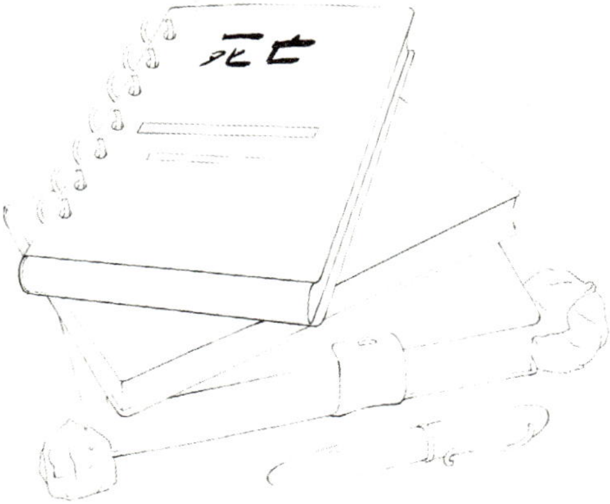

笔记本有个黑色牛皮封套，褪色得挺严重，内里可自行填充活页纸，纸上有密密麻麻的网格线，以日期为单位，塞满了人名、时间与地点。字迹端正，网格线分配均匀，以不同颜色区分行程属性，仔细去看，所有网格线都经手绘，间距精准，一丝不苟，每条线段都不妥协。

笔记本的主人是一名 45 岁男性，在光电公司担任品管部主管，这本笔记本从他 15 岁持有至今。

依据死亡笔记本的规则，但凡被写在上面的名字，将会于特定时间和地点遭受性命威胁。于是，按照笔记本上的内容，今天下午三点半，地点是医院会谈室，我可能会跟这世界“天人永隔”（原因不明），而下一个受害者则是反射涂料的供货商张先生，他将于今天下午五点半，在内湖某咖啡厅内“死于非命”（同样原因不明）。

根据“幸存者”（陪他前来会谈的同事，确保他依约赴诊）的口供，绝大多数的时候，被写上去的人的下场只会比死更惨，因为这代表“你被排进了他的行程”，一旦行程确定，男人就不容许这一格有任何更动，而且“死”命必达：你不准迟到，不准对行程内容有任何异议，不准讨价还价，不准遗漏细节，也不准偷哭。这一格，不会有任何温度，因此结果只有三种：

第一，你乖乖听话。

第二，你被他逼死。

第三，他被气死。

但第三种结果已经被视为一种神迹，从来没人看过，因为大多数人都活不到那种时刻就屈服了。

至于为何下场会比死更惨，因为协调的过程会让人生不如死——他绝不屈服，也不接受议价，为了原则，他会坚持己见，跟你鏖战到底，难缠的程度会让你宁愿去当局接受质询；想要套交情或示弱，都只会得到他的鄙视。

他深信只要踩住底线，就能掌控全局，相较于死神，他在某种程度上比较像决定生死的“判官”。

“判官”出生在军人家庭，老爸虽然是士官长，性格却大而化之，但当时没人知道“判官”最不能忍受的，就是“大而化之”四个字。

“判官”从小就和两个兄弟不太一样，他很聪明，但这并不是他学业一路拔尖的主因，重点是他很自律。他从来不把暑假作业拖到最后一天，每道习题都会验算一遍，每个实验步骤都会详细注记，需要订正的错字自动罚写两行，坚持亲手折每件衣服，跑步绝不会跑到一半放弃，就算拖地，他都不会放过沙发底下的区域。他做任何一件事，都不是为了掌声，那些对他来说不重要，他向来只有一个目的——达到自己设定的目标。

“你有够龟毛[1]！”

这句话，他不知道听了几万遍，他一点也不否认，甚至把它当成一种认证，一种坚守原则的认证。有些人就是不懂，充满秩序的生活才是最不辛苦的，既不会发生任何变动，也不会感到迷惘。人一旦想偷懒，尤其是仗着“要懂得变通”这种理由，不管做什么都会坎坷。他宁愿努力达成每一个目标，也不要每晚躲在棉被里为自己的退让感到后悔。

他讨厌画线画得不直的感觉，他讨厌总是有人破坏规矩，他讨厌

1. 太注重细节，吹毛求疵的意思。

听到“都可以”三个字，他对于模棱两可的事感到非常不自在。他并不觉得自己的标准有多严苛，那些对他来说，都是“应该”要做到的事，他只是尽力不让每一步超过红线。

但个中道理没几个人懂，直到多年后看到村上春树的新书，里头的某句话让他暗自窃喜，原来自己并不孤单：“写出来的文章能不能达到自己设定的基准，比什么都重要！”

“只要成绩够好，就能爬上管理职位”，这条规则是从校园里长出来的。老师曾经给过他选择，但他选择不当班长，而是当纪律委员，史上最容易赔掉人际关系的班级干部，比一直赔钱的生活委员还惨。他没什么人格魅力，这点他有自知之明，可以把人情因素删掉的工作，他比较擅长，就算当黑脸也不在乎，这点成了他日后的工作方针。上级交办下来，他设定目标，完美执行，秩序比赛每个月都拿第一，那时一个年级有 22 个班，班长上台领奖，他在底下跟着鼓掌。

随着“判官”慢慢长大，他开始把学校的那把尺带回家，对着家中的角落，随时检验任何可能超目标的数据：冷气不能低于 26 度，衣服三天洗一次……他为家里写下一条又一条生活公约，也把那把尺带进了每一段关系中。他没办法和人产生紧密的联结，因为他已经习惯用刻度来度量跟人的距离。

高中联考发榜后，他穿上卡其制服，宣告“死亡笔记本”正式启用。他用老爸送他的第一志愿奖励金，买了一个牛皮笔记封套，塞进一年份的空白活页纸，沿着尺，画下第一条线，往后的人生就随着那条线拉进了笔记本，基本上他的人生就躺在里面，只是没人敢去翻阅。

对当时刚拿到课表的同侪而言，会再去买本行事历根本就是脑袋有洞，然而“判官”规划的并不是上课时间，而是“下课时间”。该预习的进度，该复习的范围，该找哪位老师提问，该到哪家补习班报到，全都妥妥地放在行事历的每一格空格里。复习不完，就熬夜复习；找不到老师，就在下课堵到他为止；写错答案，就在补习班间课辅老师问到他投降为止。一直到行程完成，他才能在空格旁打个钩。

他的人生完成度，大体上就是由空格旁的打钩数来决定的。

在材料化学研究所毕业后，他进入光电科技公司。一开始担任材料分析工程师，经过几年摸索，他发现只有“质量管理”这件事才能让自己乐在其中，因为他最需要的就是“控制感”，于是他决定走进生产线。

一晃眼，18 年过去了，他有了体面的房子、车子，优渥的薪资，一半拿来供养双亲，一半拿来储蓄。没有婚姻的束缚，没有额外的开销，可以想象他的房子有多干净，摆设有多么循规蹈矩，也可以想象一般人要进到他家有多不容易，因为他不乱交朋友，甚至可以用“挑剔”来形容，如果不是因为共同兴趣而交谈，他宁愿不去浪费时间，就像村上春树说过：“没有什么人喜欢孤独的，只是不勉强交朋友而已，因为就算那样做也只有失望而已。”事实证明，这世界上还真没什么因为共同兴趣而结交的朋友，只是大多数人不太在意。

再多的挑战，都不会磨平“判官”身上的棱角，反倒让棱线变得更锋利。如果把他想象成一个立方体，工作对他而言就是一个正方形纸箱，他每天的生活，就是把自己精准、平稳地放进那个纸箱，不容许有任何空隙与摩擦，一切都要恰到好处。

对老板而言，能招募到这种家伙简直是淘到宝，在那之前，从来没有一个人能在扮黑脸的同时，还能维持工作效率。自从“判官”进入品管部门后，公司产品的“良率”大幅提升，分析数据精准，每一季财报都漂亮得要命，这归功于“判官”一手包办所有的品管业务。一方面是因为他的单打能力强悍，但更重要的原因在于，他不信任任何人，他只相信自己的判断以及笔记本上的行程。由于那些独断的决定一直带给公司可观的收益，因此在年度营收面前，他的个人主义只是藏在数字后面的瑕疵。

唯一的问题在于，那本“死亡笔记本”。

那本笔记本“逼死”了太多人。所谓“逼死”，当然不是指生命的陨灭，比较像是对一段关系或对对方事业的抹杀。但无论是人际关系或是下属的职业生涯，都不是他在意的事，他只在意产品良率增加的数值。

如果是单打独斗的分析工作就算了，在几年前，他升上了品管部主管，情况变本加厉，但对于旨在永续经营，培养接班人才的公司而言，每个月都逼走一堆人等于自断后路。跟过他的下属，“寿命”长则三个月，短则数日，这些人每天都过着被安排的人生，所有意见与决策都被无视。在他的部门，没有双向的对话，即便有不少人暗地里折服于他的远见，却无法忍受他的性格。

公司没有资遣他的理由，只能采取另一种策略，而且是史诗级的高难度策略，那就是——改变他，同时把“死亡笔记本”的杀伤力降到最低。

于是，这成了我出现在“死亡笔记本”上的理由。我的名字旁附注心理治疗约谈，时间只留给我 40 分钟，还在旁边打上星号，意思是这一格有提前结束的弹性。

“强迫型人格障碍”（Obsessive-Compulsive Personality Disorder，简称 OCPD），是 C 类群人格障碍的一种，最显而易见的人格特质就是“完美主义”，这是他们的主要症状。他们专注各种细节，相信魔鬼就藏在里头，为了追求完美，他们不仅苛求他人，同样也不轻易放过自己。他们不会认为自己有问题，除非工作表现与社交关系出问题。

这种特质是把双面刃，“严以律己，严以待人”的做法，通常会造就出一群领袖或楷模，毕竟愿意坚持才能笑到最后；然而一旦过了头，就会变成某种酷吏，在拿一把刀开疆辟土的同时，也斩断了与周遭的联结。于是他们告诉自己：“没关系，英雄总是孤独的。”

同样是专注细节，还有功能好坏之分。功能差一点的，可能会聚焦在毫无意义的细节上，拖垮团体效能，沦为“猪队友”一个。功能好一点的，虽然同样缺乏沟通能力，但由于专注在正确的线索上，加上意志坚定又有责任感，通常会成为令人又爱又恨的神主管——恨的是他的态度，爱的是他的才能。对高级主管而言，他是事必躬亲的完美下属；对下属而言，他是令人闻风丧胆的主管。

如果你的主管长成这样，恭喜你，你将会历经到前所未有的震撼教育，一场失去温度的苦难壮游，熬过这一关，保证职场仕途百毒不侵。即便熬不过也绝不丢脸，可以选择光荣退场，毕竟最美好的一仗，你已经打过了。

“我没有逼走过任何人，他们会走，是因为他们知道自己不适任。

就算留下来，也只是扯后腿而已。”

第一次晤谈结束前，他丢出这句话。“判官”话不多，但没一句废话，每句话都是深思熟虑后的组合，他会确保这句话不会再节外生枝，拉出不必要的话题。简而言之，他把每句话都当成句点，不，是结论。其实我蛮喜欢跟他会谈的，一方面不会浪费笔记本的空间，一方面能加快会谈速度。

然而，对于这样的案主，跟他讲道理是行不通的，因为这件事他比你还擅长，除非能引发他的“同理心”，让他认清自己的规则不一定适用于每个人。但若依照现实条件，也就是以“帮公司止血”为目的，最简单的做法，就是请他“调整职务”。只不过按照这样的套路，我这个心理师的作用就只是用来确认“这家伙果然无法改变”而已。一想到这里就让人泄气，于是到了第三次疗程，我决定转换策略。

“判官”以同样的节奏敲门，穿着同一套西装，以同样的姿势拍了拍沙发，然后坐下，同样没什么表情。我想，就算今天坐在他对面的是涂料供货商张先生，他的态度大概也不会差多少，我们都只是他格子里的人，等着被他打钩的人。

“我们还有39分钟，开始吧。”他微微举起右手，示意我开始。

这家伙居然把心理师的专属台词与动作整碗捧去用。

“好，我们今天来聊聊字典。”

“字典？”

“没错，我假设每个人的脑中都有一本字典，搞清楚字典的内容与它的关键词，就能推论出那个人的行为模式。当然，这是一个可逆反应，也可以从某些人的行为归纳出他的字典，进而了解他的价值观。”

“继续吧。”

“这几次下来，我发现你的字典很干净。”

“怎么说？”

“你的字典没有多余的废话，每一页的关键词都一样，都只有两个字。”

“哪两个字？”

“应该。”

“判官”沉默了一下，但并不是为了思考如何回应，而是等着我往下答。

“你是一个按部就班的人，我知道这不是什么正向的形容词，就跟‘你人很好’没什么两样。但我了解按部就班绝不是一件容易的事，毕竟每天都要跟世界的弹性对抗，也正因为它不容易，因此很多人办不到。对你而言，一旦被你发现其他人没有走在线上，没有做好应该要做的事，你的字典就会不断把这两个字写进去，于是渐渐地，‘应该’就成了你的字典里，词频最高的两个字。

“随着这两个字变得活跃，它们会开始扩张，慢慢吃掉其他的关键词，等到你的字典最后只剩下这两个字的时候，你的造句规则就会变得很单调，只能拿这两个字当开头，譬如说：‘这应该不难吧，还需要教吗？’‘这之前应该就要准备好的吧！’‘你不应该先报备吗？’‘把工作时间分配好，应该很正常吧！’之类的。”

“难道不是这样吗？”

“是的，你的‘应该’都是附属在正确的社会规范上，它的存在非常合理。只是一旦‘应该’开始变多，就会让我们忽略别人的处境。”

“我不是来照顾别人的心情的，你们才是。”

“的确。如果今天你是一个人工作，把‘应该’贯彻到底绝对没问题，但若是跟别人一起工作，那就另当别论。毕竟每个人的字典都不一样，也不一定非得要有‘应该’这个关键词。当两本字典一起互动时，没有谁的字典才是指导模板。”

“根据我的经验，那样会天下大乱。”

“好，那我们回到此时此刻。现场就只有我们两个人，我负责进行心理治疗，我的字典里也刚好有个‘应该’，其中一句叫作：我们‘应该’要能同理别人。如果接下来我希望你照着我的‘应该’

去做，你怎么想？”

“办不到。”

“没错，在你眼中很轻易的事，别人办不到，因为你的执行能力非常强。同样地，你可能也有办不到的事，这些事或许与工作无关，因此你不在意，也没什么练习的机会。但刚刚的过程至少证实了一件事：没有谁的‘应该’可能教别人怎么做事。”

“我只是选择比较有利的方案来执行。”

“很有道理，可惜人不是机器，不是按下开关或换零件就能运行。人有‘情绪’这种东西，有时候给出弹性并不是为了松懈，而是为了喘息。有些人并不是能一路冲到底的选手，他们需要喘口气，才有体力拿出更好的表现。如果你能明白每个人的字典都其来有自，那你就能更合理地去看待每个人的表现，认清每个人的强项都不同，而不是一味地期待他们都是神队友，就像我不期待你变成一个心灵捕手。”

“所以你希望我怎么做？”

“你想调整现在的工作吗？”

“不想，我不喜欢研发，坐办公室很痛苦，到现场好一点，我比较习惯盯进度。”

“好，如果你想做自己喜欢的事，尤其这件事跟团体行动有关时，你就得付出一点代价，这是‘应该’的吧。”我不经意地比出引号手势，然后发现这是一个很假的选择。

他点点头。

“你现在有几个下属？”

“五个助理工程师，分别负责环境管理、进料、制程、客服以及质量工程。”

“哪一位比较成才？”

听到这个问题，他眉头一皱，脸上冒出了某种不祥预感的表情，似乎在担心接下来的代价：“嗯，只有客服和制程那两位比较进入状况，其他三个我得帮他们扛。”

接着，我拿出了我的黑色笔记本——不用担心，它是负责让人活命的笔记本，就像“辛德勒的名单”。

“这样吧，我们先尝试一个月就好。我需要这五个人从小到大的经历，也就是说，我要他们的字典和关键词。请你一周约谈一个人，不谈工作，只谈出身，好好聊他们的人生，然后把他们的优、弱势写下来，下星期跟我一起讨论。就从环境管理那位开始。不是要你办一场心灵讲座，而是做你擅长的分析，加上你本来就是品管部的老大，做老大该做的事，这要求‘应该’不过分吧。”

他看起来十分痛苦，表情就跟吃海鲜中毒差不多，如果当场拍下来，那五名下属必然会十分欣慰，还可以拿来当成“反‘判官’粉丝专页”

的大头照。他的不甘愿程度，就像逼一个从来不笑的人必须在团体中跟大伙一起傻乐，而且还来个五连拍的那种。由于这个“应该”非常合理，他没有拒绝的理由，即便我会得到有史以来最难看的笑容，但他会理解，只要经过练习，勾起嘴角不是那么困难的事。

经过双方同意，我们把这项作业写在各自的笔记本上。

我不知道这样做能否为这五个人“续命”，但我希望他能仔细去看别人的字典，了解他们的典故。一旦能做到这一点，我们才能往下谈到妥协，谈到折中方案，才能让他试着后退一步，然后在团体中与其他人产生联结。

后续的治疗还很漫长，但至少在我们谈了四个月之后，没有人跑路，也没有人要求调离现职。他甚至还在我的要求下办了一次聚会，主题是讲自己这辈子最糗的经验，还有初恋。可想而知，这种极度乱来的主题，对他而言已经不是海鲜中毒的等级，而是A型流感，这个要求就像是射中了他的阿喀琉斯之踵，导致他那天走出会谈室时有点软脚。但幸亏性格使然，他最终还是完成了这个约定，而且成效居然还不错（聚会时没有人借故离席）。

人类最坚固的部分，不是肉身或头盖骨，而是性格，这是一种除非系统瘫痪才能更动的设定，而我们唯一能做的，只能调整行事的方法。这听起来不太帅气，却是最符合现实的做法。

在那次聚会后的隔天，“判官”依约定传了一张当天的发票与合影（作为赴约的佐证，但其实是核销聚餐经费的资料）。照片中，没有人露出依约赴死的悲壮神情，气氛还算和谐，于是我回传了一句话，那是村上春树曾经在《1Q84》说过的话：

“人的生命，在本质上虽然是个孤独的东西，但却不是孤立的存在，因为它总是在某个地方与别的生命相连。”

断片俱乐部

当我们断片时，
尽管笑吧，
笑得开心点，
至少我们还能取悦这世界。

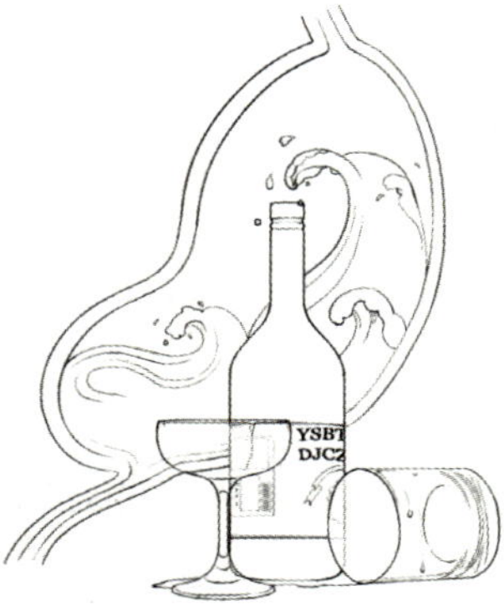

“你上次断片是什么时候？”

“断片”是香港用语，切换成闽南语，就是喝茫的意思。修哥一边问，一边压着自己的太阳穴。

“应该是十年前吧，为了庆祝退伍，一口气干了超过十罐金牌。我最高纪录是一次15罐，而且没醉，坦白讲我的脏器还挺管用的。”

我很想这样讲，但事实上是我前天晚上才喝了一罐473毫升的雪山，然后隔天就头痛一整天，连陪女儿玩厨房游戏也力不从心。老婆什么都没说，一整天只用一种好像我这十年来都在吃软饭的眼神看我。

“你看起来很不妙。”我回话时，修哥点点头，还是不断按着太阳穴。

“还记得我们团的吉他手吗？”

“当然，一个只用同一种姿势刷弦的家伙，会一直留在我的记忆深处。”

“鼠爷是我高中的前辈，我们算生死之交了。上次的暖场表演，由于妹子的贝斯弹得太威，主办方立马送上好几张表演约，大伙简直嗨翻了，于是鼠爷就把‘断片俱乐部’的人叫出来。”

“断片俱乐部？”

“嗯，就几个酒友聚在一起喝到挂的非营利组织。鼠爷跟他们比较熟，我们玩乐队的其实不太常喝，因为喝多了手会抖，要是连吃饭的家伙也拿不稳，就只能跟舞台说声拜了。但鼠爷天赋异禀，超级能喝，我猜他有三块肝。那晚我们续摊到凌晨两点多，妹子不喝酒，所以负责开车，车上挤了七八个弥留状态的大叔。后来开到青岛东路时，鼠爷突然看到警察挥手临检，于是立刻帮妹子拉上手刹然后冲下车，搞得全车都被惊醒，没人知道他为什么下车去跟警察鞠躬哈腰。

“结果30秒后，整车的人都开始掏手机，因为站在他对面的不是警察，而是个该死的施工警示人偶，就是穿反光背心，拿指挥棒上下摆动的那种。当时这醉汉就站在路中央跟一个假人装熟，然后不断被上下摆动的指挥棒打在头上，就像敲木鱼一样，他气得想拔下指挥棒，却总是抓错时间差，每次跳起来都扑空，跳了几百次，我怀疑他根本只是想抓空气。后来警察真的赶来酒测，他居然趁隙抽走对方的指挥棒，还高兴得不得了，结果差点被抓。悲哀的是，这种蠢片的点击率，居然比我的单曲还高几百倍。”

我相信就算只拍那个假人挥手，点击率也会比他的单曲还高。

“断片俱乐部成立的目的，就是挖坑给鼠爷跳，而里头只有一个人笑不出来。”

“谁？”

“我！”

我疑惑地看着修哥。

“因为我知道，鼠爷根本没醉。”修哥难得正经地说。

“鼠爷一直想留山羊胡，但他的胡茬非常稀疏，看起来就像个混得很差的阵头[1]，所以当不成虎爷，只能当鼠爷。我们是在阿通伯的乐器行认识的，每次练完琴就一起听阿通伯讲黄色笑话，那年我高一，他大我两岁，到现在也二十多年了。鼠爷对芬达（Fender）电吉他很在行，因此不当专职乐手，而是选择修理吉他。在这种世道，修吉他比弹吉他吃香多了。

“鼠爷退伍后没几年就结婚了，老婆是时装店店员，两人在酒

1. 阵头，闽南风俗表演形式，这里指阵头演员。

吧认识的，那时候他的蓝调弹得真狂。”

我不相信，现在的鼠爷就像一只被电池驱动的铜猴子，只是手上的铜钹换成了吉他，而且还没什么电力。

“我的二手摩城（Motown Records）黑胶全都是他送的。以前我年纪小不懂事，到处跟人家说伍佰的吉他弹得很烂，结果当鼠爷在台上弹伍佰的《点烟》时，我忍不住把膝盖献给他，然后跟伍佰认错。妈的，我的团从来没人跪过。”

一定有！一定有人跪下来求主唱闭嘴。

“结果那天晚上，有另一个人也把膝盖捐出去了，就是他老婆。他们是奉子成婚的，女儿叫米妮，没办法，谁叫他老爸是只老鼠。婚后他开了一家工作室，偶尔帮乐手代班，大部分时间都窝在20平左右的店面卖配件、修乐器，平常接女儿上下课，有空就教她弹尤克里里，一家人幸福得要命。鼠爷没什么恶习，顶多在修琴时喝点小酒，他说这样才能让自己放松，更专注在细节上。一个晚上了不起一杯威士忌加冰，再不然就两罐台啤，这样的量还好吧？”

确实还好。针对男性，我们通常会把一罐啤酒或40毫升的威士忌视为一“单位”的酒，只要一次不超过4单位，或一周不超过14单位，就不算过量饮酒。

“大概在米妮七八岁那年，他老婆在店长的怂恿下，开始玩直销。不到两年就烧了一百多万，家里囤了一堆的酵素、鱼油和保健品。为了养下线销货，她还跑去找地下钱庄周转，最后债主找上门，鼠爷只好把房子的头期款拿出来抵债。不过，事情并没有好转，可能因为赔得太惨，他老婆不打算收手，照常三天两头跑去饭店上课做笔记，一副要把这局赢回来的样子。女儿每天放养，连她娘家的人都放弃治疗了。最后鼠爷被逼得只能离婚，他们签字那天我很难忘，那是我第一次看到他喝醉。

“一直到最后，他都还搞不懂自己为什么会失去老婆，事情明明不该变成这样的。但他没有怨言，一句都没有，他的话量跟饮酒量达到一种微妙的平衡，话愈少，喝得愈多，他把那些话含进酒里一起吞进去，然而这样做并没有让他变好。他的手开始抖，连穿线都有点困难，音色敏感度也变得很差，调音调得乱七八糟，常被客人退货，生意整个一落千丈，我后来还去工作室帮他校正了好几把琴。从那时起，米妮变得不太敢和爸爸说话，大多数的时间都是奶奶帮忙照顾。

“不过真正让鼠爷瘫痪的，是米妮选择离开他。那件事，我其实也有责任。”

“怎么说？”

“大概在三年前，米妮升初一的时候，学校吉他社一直找不到专职的指导老师，鼠爷因为刚离婚不久，想对女儿做些补偿，于是自告奋勇上任，反正带初中社团只要教基本和弦，练练《驿马车》之类的简单曲子就好。他除了把学校所有的琴都修过一遍，还捐了好几把吉他出去，米妮也帮忙写简谱，她终于比较敢和爸爸说话了，所以整件事的开局不错。但没想到一过了寒假，情况却急转直下，归根结底还是在于酒。

“鼠爷那时变得有点夸张，一晚一手（五瓶）啤酒是基本，要不就三天一支黑牌。鼠爷曾说，他原本很享受喝酒，享受那种松弛的感觉，但到后来竟然变成不喝会很难过，他不懂为什么会变成这样，我也不懂。你说，到底为什么？”

很简单，因为所有的成瘾行为（Addiction），都是一种从“想要”变成“需要”的过程，无论对象是酒精、药物或是网络。把酒带入这套公式，就是从“喜欢喝酒”变成“离不开酒”，从单纯的心理愉悦变成生理束缚，因为酒精对身体而言，具有所谓的“耐受性”（Tolerance）。也就是说，我们的胃口会被酒精养大，一直喝等量的酒精，身体会逐渐习惯这样的刺激而变得麻木，唯有愈喝愈多，才能找回当初的快感，这是很重要的原因，如果再加上生活压力不断渗进来，减酒根本不可能成为选项。

可怕的是，如果有天我们想少喝一点，哪怕只有一天，身体就会出现戒断症状（Withdrawal）。因为酒精是一种中枢神经抑制剂，是让感官运作变慢的，如果血液中的酒精成分突然减少，会让长期被抑制的神经系统瞬间活化，就像一群被封印的活尸突然重返人间。于是交感神经开始无脑暴冲，让身体产生恶心、心跳加速、血压上升、体温增高及头晕等症状。贸然断酒，等于叫一个刚睡醒的家伙去冲 100 米，换来的就是他在终点线的反应。既然这样做只会换来不舒服的感觉，倒不如一直往下喝，就这样一路被酒精挟持，变得不得不喝，最后离不开酒。

“下学期第一堂课他就睡过头了，一连好几周都迟到，每次都带错简谱，要不就红着脖子在台上恍神。同学开始帮他取绰号，我根本不敢想象米妮当时的感受。

“一直到 6 月的某个下午，他突然打电话给我，请我去学校顶一下，他在家里醉到起不来。但那时我正在陪女友看电影，加上之前已经帮他顶了好几次，于是一口回绝以示惩戒，毕竟女儿是他的。后来我才知道，前一晚他前妻找米妮吃饭，然后她跟妈妈透露自己有点怕爸爸，不知道他还会变得多糟，于是他前妻打来骂人。

“结果鼠爷找不到人代班，只好硬着头皮坐上出租车，拖着快死机的脑袋，一身酒气，跌跌撞撞地走进教室。他的手是麻的，完全找不到压弦的感觉，舌头也不听使唤，没人知道他在说啥，他只是不断用手画圈请大家弹同一组和弦，声音愈来愈大，甚至对着空座位咆哮，应该是出现幻觉之类的。于是女生变得害怕，跑去教务处求救，男生觉得好玩，开始拿手机录像。没多久鼠爷忍不住吐了，接着一个踉跄，脑袋直接撞上桌角，幸亏教务主任和警卫及时赶到，把他送去急诊缝了十几针。

“当时没人知道米妮在哪儿，其实她一直躲在女厕哭，根本不敢回教室。由于影片被学生上传，没多久就被放进新闻片段，社团学生打马赛克受访，学校也退还鼠爷送的吉他。从那之后，班上男生开始对米妮唱《酒后的心声》，没事在她面前跌倒，包括她暗恋的男生。你无法要求一个初一女生去理解爸爸的苦衷，为什么好端端的老爸变得那么孬。鼠爷只是失去老婆，米妮却失去了妈妈跟爸爸。她后来搬去跟姑姑住，有时则会偷跑去妈妈那里睡。虽然抚养权在鼠爷身上，但对他来说，失去女儿之后什么都无所谓了，他不想用法律去绑架任何人，因为那些人照顾女儿都照顾得比自己好，这是法律看不到的部分。

“没多久，鼠爷就把工作室收了。房子退租，搬回去跟老妈住，帮乐器行打零工，然后吃吃老本，钱都拿去买酒，变成铁铝罐与玻璃瓶的回收大户。我会把鼠爷找进来玩乐队，也是因为愧疚，因为那件事的冲击力太强，让他整个人瘫痪掉了。

“但这几年他就像个小丑，还跟其他酒友组成什么断片俱乐部，我他妈超烦这个团体，都是一群看戏的酒肉朋友。我一开始不以为意，顶多就像乐队界的搞怪蠢蛋秀，但我后来发现鼠爷其实根本没那么醉，他酒量超好，可能就像你说的什么耐受性造成的，但他必须要被笑，被大家拱着做一些蠢事，穿成人尿布去买清粥小菜，拿把桨坐在出租车顶乱划，用泰语向警察问路之类的，甚至把'断片俱乐部'这五个蠢字刺在手臂上，一定要这样才会觉得自己活着。人生走到这种地步，我不知道其他人怎么想，但我真的替他难过。然后隔天一早他就像被洗掉记忆，一副人生重启的样子。我才不相信，他一定什么都记得。

"我很想帮他，但我想先搞懂他为什么会变成这样，酒瘾到底是他妈在搞什么鬼？"

修哥眼眶突然泛红，态度开始硬起来，但不得不说，这样反而很有男人味。

"很简单，前面提过，我们之所以会成瘾，都是跟'愉悦'的感受有关，这是理所当然的事，很少有人会对痛苦成瘾，像你对自己的歌声成瘾是个例外。谈到愉悦感，那就离不开多巴胺（Dopamine）这个神经传导物，姑且先把它们当成大脑的快乐伙伴吧。这群快乐伙伴平常大多窝在 VTA（Ventral Tegmental Area，中脑腹侧被盖区），对喜欢喝酒的人来说，酒精会自动帮它们鸣枪，然后这些家伙就开始拔足狂奔，一路冲到前脑一个叫作伏隔核（Nucleus Accumbens）的地方，有一部分则会跑到前额叶。一旦快乐伙伴闯关成功，这些区域的伙伴数量会愈来愈多，大脑的渴求与愉悦感也会愈明显，而这条闯关路线便称为‘酬赏路径’（Rewarding Pathway）。

“酬赏路径大家都爱，因为它是帮助人类生存的系统，提醒我们追求需要的东西，譬如食物或性行为。但水能载舟，亦能覆舟，大脑是很耿直的，一旦把某物视为酬赏，即便伤身，还是会将它送进这条回路，变成成瘾行为的前半部；至于后半部，就是刚刚提到的戒断症状。酬赏路径成为顽强的心理依赖，让人以为喝了酒就能解决一切困境，即便哪天幡然醒悟，也会因为戒断症状不舒服而不敢尝试戒除，因此‘酬赏路径’加上‘戒断症状’，就成了酒精成瘾的始末。”

“妈的，简直就是无间地狱嘛！昨晚他又缺席排练，结果在一间快炒店门口断片，这次是真的被放倒。我跟鼓手阿达凌晨一点把他扛回家，鼠爷自己爬进浴缸，到天亮之前都没有再出来。我和阿达觉得这样下去不是办法，于是决定帮他。”

“怎么帮？”

“我们喝光了他冰箱里的每一罐酒，一边嗑零食，一边花光他的游戏点数。你不要以为这样很过瘾，你无法体会一整晚都在打电子游戏、喝酒，到天亮还不能合眼的痛苦。为了不让他继续沉沦，我们帮他挡掉魔鬼的诱惑，牺牲宝贵的睡眠与青春，我甚至连午觉也没睡就赶来你这里。但这不算什么，你也不用觉得我们这样很有义气，这就是兄弟本色，就算被误解也没关系，这锅我们背！”

这两个真是人渣。

“鼠爷酒醒后只跟我说，他不想再这样了，他想在女儿生日前把这件事搞定。他之前其实看过酒瘾门诊，也吃过什么戒酒发泡锭（Disulfiram），但觉得很不舒服，有次吃完药不小心用酒精擦手，结果头就像要炸开一样，后来就放弃了。”

“没错，现在比较少医院会开戒酒发泡锭，因为它的任务很简单，就是阻断酒精代谢。如果服药后再喝酒，体内的乙醛便会堆积，造成严重的恶心、晕眩，也就是让你体验双倍的酒醉感，然后开始讨厌酒精。然而一般人不会没事去惩罚自己，如果不是被谁逼着吃，放弃也是可以理解的事。”

“那还有其他药物吗？”

“大多数都是在急性酒精中毒的情况下，当作解毒用，但鼠爷目前还不到中毒的程度。如果他决心戒酒，除了要克服酬赏路径，更重要的，是要面对戒断症状。因此他可能会服用BZD（苯二氮类）镇静剂，或是其他抗精神或抗焦虑药物，毕竟他要对抗的是焦虑与幻觉，或许也会服用B族来补充维生素，看主治医生怎么开。另外，国外有种叫纳曲酮（Naltrexone）的长效针剂，可以降低饮酒的渴求感，只是……”

“只是什么？”

“这就像减肥的过程一样。你觉得，减肥最重要的环节是什么？”

“节食吧。”

“没错，减少食物摄取量。如果单靠减肥药，很可能就会产生对药物的依赖，忽略节食与运动的重要。戒酒也是一样，一旦只依赖药物，就像有了退路，那更不可能节制酒量。想要戒酒，最重要的还是‘逐步减少饮酒量’，如果他能回到之前一天一到两罐台啤的量，那就算成功了。”

“那你建议怎么做？他女儿再四个月就要生日了，有办法在这之前搞定吗？减少饮酒量没问题，喝光他冰箱里的酒，我义不容辞！”

关于自己很渣这件事，他证明了两次。

“坦白讲，酒瘾真的很难戒，毕竟酒精太容易入手了，我们急性病房一堆酒精中毒的患者，一出院就打回原形。所以我强烈建议他参加戒酒团体治疗，逐步减酒，再配合门诊药物治疗，缓解戒断症状。那里的团员会彼此约束，诚实汇报饮酒量，我来帮他制定减酒计划，两周追踪一次。头三天会很惨，就当作试用期，一旦撑得过，再连续参加三个月的团体治疗，应该会有救。此外，我希望你这几个月能帮他找点事做，譬如替他安排个表演，找女儿来听之类的，一定要好好规划，你不想自己趁火打劫的事被传出去吧。”

修哥只好照办，因为我威胁他会写出来，结果还是写了。

接下来几个月，我把鼠爷引荐到台北某医学中心的戒酒门诊服药，并参加团体治疗。一开始并不顺利，他失败了三次，经过近一个月之后才撑过头三天。

修哥预定在米妮生日前，和其他乐队合办一场表演，他还帮鼠爷写了一首歌，就叫《断片俱乐部》，不用说，我贡献了超过一半的歌词，鼠爷则负责作曲。

于是在这四个月里，写歌与练习推动了鼠爷的戒酒行程。

他把糟糕的胡子剃掉，把断片俱乐部的群组删掉，假日被修哥抓去骑自行车，游戏点数全部送给阿达，阿达则帮他把工作室的官方网站和粉专重新上架。

由于减酒的进度比预期快，鼠爷开始能专心修琴，在修哥的号召下，客源逐渐回流，其实是修哥把它当成乐器行的售后服务来卖。每周的团体治疗结束后，鼠爷会教团体成员们弹吉他，还进行了小型的成果发表，虽然谈不上脱胎换骨，但至少门面像个吉他手。

在米妮生日的前两周，鼠爷已经回到每天一罐台啤的用量，而且没有跳回去。至于米妮，他们已经好几个月没联络，他不敢奢望她能到场。

表演当晚，我由于先带老婆、小孩回娘家，迟了 20 分钟才入场。

现场都是鼠爷熟识的老乐手与乐队，还有团体治疗的成员，每个都喊他“老师”。但我一个都不认识，只好坐在角落静静地喝啤酒，然后祈祷隔天不要头痛。

《点烟》的前奏响起，这是属于鼠爷的夜晚。

我终于明白修哥为什么要献上膝盖，这种表演要我双膝跪地都没问题。不用歌词，留白说明一切，而且还把吉米·亨德里克斯的《Voodoo Child》弹得出神入化，修哥只跟着哼了几句无关紧要的和声，那是整场表演最正确的决定。安可曲（演出后歌手应乐迷要求而返场）是伍佰的《钢铁男子》，当他唱到那句“我需要安慰，让悲伤的人不流泪”时，突然哽咽了起来，团体成员几乎都跟着哭了。

同一条路上的人们，被夹进同样的曲折，看不到终点。

结束时，鼠爷高举着手上的空酒瓶，对现场的观众说：“这是我今天的扣打[1]。”然后走下台，把酒瓶插进回收篮，接着欢呼声把他一路送回舞台上。

他在台上深深一鞠躬，向所有对他失望的人致歉，手臂上的刺青没有消除，而是多刺了R. I. P.（安息）在前面，变成“R. I. P. 断片俱乐部”。

可惜，米妮从头到尾都没有到场。

1. 配额的意思。

以下是修哥告诉我的——

散场后，乐团留下来练《断片俱乐部》这首歌，因为米妮没来，只好取消表演。鼠爷悠悠地拨着和弦，弹出轻快的前奏，嘴里唱着：

很久很久以前，有个断片俱乐部，里头都是一群贪杯的大叔
大叔没有本事，只有微不足道的心事
当我们断片时，尽管笑吧，笑得开心点，至少我们还能取悦这世界
但是亲爱的，请你别笑，至少现在不要
因为我只想让你骄傲地笑，骄傲地笑

他不断重复着歌词，唱得专注而忘我，但他不知道的是，那时妹子正坐在灯控室，陪着米妮与鼠爷的前妻一起看着他唱这首歌。米妮手里拿着卫生纸，一边抖着肩，一边把现场拍下来，准备上传之前，她在标题栏里写上两个字：

“我爸”。

分身

同一个身体住进好几个灵魂，
成了一间拥挤的房间。

一共有三张照片。

中间的照片，是一个戴眼镜的华裔男子，20 多岁，名字很普通。

左边的照片，是一个外国男人，看着有点眼熟，名字非常拗口，叫作洛根·瓦达斯斜维尼希（Logan Vadascovinich）。

右边的照片，则是一位著名的美国演员，名字写着“亚瑟王”。

男人罩着白袍，身形修长，留着英式油头，穿着合身的细格纹衬衫，脚踏焦糖色牛津鞋，甚至还系了圆点领结，这让那件普通的白袍看起来多了一点价值。

他不发一语，从容地从牛皮纸袋里抽出三张纸，依序摆在我面前，每张纸各印上一张照片，应该都是从社交网站截取下来的图档。背面则是个人资料，现场没有多余的声响，只留下纸张刮过桌面的声音，粉尘在光影之间流窜。

我趋身向前，一边端详照片，一边小心翼翼地避开自己的影子。

“抱歉，麻烦你帮我看看，这三个人是不是同一人？”

一时之间，会谈室成了指认凶手的审讯室。

“这……”我很确定他走错房间了。

“喔，不好意思，我到底在干什么。”男人轻声致歉，声音非常悦耳，如果脱掉白袍，到博物馆担任解说员也是个不错的选项。“大家都是同事，先自我介绍，我是二楼的医检师，就叫我小骆吧。”

小骆指着自己的员工证，然而这不是我第一次看到那张员工证。近两年的员工体检，几乎都是他帮我抽血，他的动作利落优雅，配上那条体面的领结，让例行的抽血检验成了一项高档的自费服务。卸下领结，我也常在医院附近的运动公园看到他。在跑道上，我们轮流越过对方的背影，一起蹲坐在石阶上喘息，流着汗，彼此颔首。那是陌生人才有的默契，但谁都没有先开口，那是个不需要语言的场所。

“这个眼镜男，”小骆指着中间那张照片，那位戴眼镜的华裔男子，“搞大我妹的肚子之后，就失踪到现在。”

小骆的妹妹也是医检师，出生时超过四千克，成年身高一米七七，称不上漂亮，但轮廓深邃，也就是俗称的耐看型。小骆的祖母是蒙古人，从未踏上过台湾的土地，却把高挑的骨架留给后裔，一家四口，除了妈妈之外全都是当篮球运动员的料，但最后走进球场的，只有妹妹。

女孩从小就是学霸，然而所有的篮球教练都希望她当球霸，于是从小学到大学，她一直是校队的不动五号位——中锋，负责卡位抢篮板或被架拐子（受对方肘部击打），名副其实的球场蓝领。她年年参加比赛，功勋彪炳，每个球探都认定她是被医检系耽误的篮球运动员。但比赛的欢呼声，只会陪她穿过球员通道，无法把她送进面试现场，也无法让她拿到医师执照。打过美好的一仗，在哥哥的建议下，她选择回归医疗体系，在医学中心担任医检师。

妹妹并不讨厌打篮球，但她讨厌这个骨架带来的诅咒，这让她的择偶条件只剩篮球运动员，而这群壮汉的脑袋通常只装战术，没装什么生活技术。

排除这个条件，其余人选就像年历底页的食物相克中毒图，不管怎么搭配，都是死路一条。因为每当她为了联谊而换上期待已久的礼服时，看起来只会像个巨婴，即便聊得投机，一旦起身，身高所产生的隔阂就会写在对方脸上。网络上关于她的照片都不是什么美颜自拍，而是比赛照片，每一张都是她龇牙咧嘴、生吞活剥对手的铁证，拿去征婚简直是自杀。因此年近三十，情路依旧坎坷，几度相亲也无疾而终。

但只有小骆知道，妹妹喜欢摇滚乐，甚至把它当成择偶条件，因此历来出局的对象里，大概没人知道自己被除名的理由是因为只听过邦·乔维或肯尼·基。她最喜欢的是Lo-Fi（低保真）音乐，顾名思义，就是一种比较粗糙的摇滚乐，通常是因为成本限制，只好直接在车库或阁楼里就地录音。这些音乐有种血性，也就是那种“我们才不管什么主流市场”之类的魅力，听起来就赚不了钱，反正目的在于交流，因此表演不会受到商业钳制。而妹妹今天之所以沦落到听音乐没朋友，全都是被她哥带坏的。中间讲到 Lo-Fi 这块，我和小骆甚至一度岔题，因为我有一张 Lo-Fi 大团“中性牛奶饭店”（Neutral Milk Hotel）的经典专辑，交易过程曲折离奇，后来怎么绕回正题的已经记不得了。

半年前，妹妹在公馆看了一场表演，期间和邻座的眼镜男对上了眼。眼镜男今年 20 多岁，名片头衔是某独立唱片公司企划组组长，对乐队市场了如指掌；两个星期后，妹妹交了人生第一个男友。

妹妹年届三十，一脚踏进初老前期，在这样的时间点，邂逅了一位温柔体贴又不畏年龄、身高差距的文青小鲜肉，简直就像在人生上半场结束时，投进了一记压哨空心球，直接追平比分。于是她幻想着今年的同学会不用再拉警报，而是直接拉礼炮。

遗憾的是，她拉的不是警报，也不是礼炮，而是一记丧钟。

三个月后，眼镜男向妹妹借了 15 万，理由是准备独立接案开工作室。妹妹不疑有他，汇款当天还顺道告知自己怀孕 3 周的消息，想当然耳，这个好消息让眼镜男变成了一颗越过全垒打墙的棒球，顺理成章地跟这个球场说再见。

小骆说到这里，取下半框眼镜，沉默了一段时间。

“你陪人堕过胎吗？”

小骆这样问，不是为了换取我的答案，而是换取一段沉默，而这段沉默成了讲述某件要事的前奏。

“手术结束后，我看着躺在病床上的妹妹，她睡得很熟，就像每天早上等着我去叫醒她一样。或许是病房的味道起了作用，那天下午，我突然很担心她再也不会睁开眼。我知道依她的个性，她醒来后会原谅一切，不会对谁失望，就当作缴学费，因为她对这件事从来没抱期待。身为哥哥，除了让拳头变硬，我想不出第二个反应，但这是她自己的选择，无论折损的是金钱还是骨肉，都无从怨怼，一直到发生了这件事——”

我指向那三张照片，小骆点点头。

“妹妹从手术后到现在，一直尝试联络男友，想知道他的去向，想知道究竟发生了什么事。后来我们才发现，把喜欢摇滚乐当成唯一的择偶条件，依旧是死路一条。”

小骆先拜访了名片上的唱片公司，工作人员表示眼镜男已离职一年，当初他工作不到两个月便和女同事发生关系，借了 10 万元后随即人间蒸发，女同事则因为情伤而留职停薪半年。

在工作人员的协助下，小骆找到那位女同事，她说眼镜男的父母都是果菜摊商，两人辛苦大半辈子就是为了一圆孩子的文青梦。但只怪宝贝儿子不争气，成天说要策展搞文创，背地却留下一屁股运彩债，而他的一贯伎俩就是攀上比自己年长的女性，骗个十多万，即便东窗事发，对方也会碍于情面隐忍。

至于所谓的人间蒸发，底牌并没有多高明，大多是躲回老家让母亲收拾残局。女同事甚至把他母亲的电话留给小骆，以一种同仇敌忾的态度。

另一方面，眼镜男自从失踪后，社交网站动态便未再更新，妹妹为此连续私信他一个多月。

就在这个月初，眼镜男终于响应了，以一种迫于无奈的姿态。但此时聊天室突然加进两个素未谋面的家伙，那两人一开口便不留情面地喷垃圾话，炮火猛烈，要她认清现实。

小骆从牛皮纸袋里掏出一叠颇有分量的对话记录，翻到某一页交给我，若把那些文字结集成册，就会是一本用来污辱女性的辞海。而那位姓氏奇特的外国男子，甚至还把一部分对话纪录公开在板面游街示众，写着“终于搞定一个死缠烂打的老女人，心好累”。

这件事，踩到了小骆的底线。

他示意我往前翻阅其他的对话记录：“我怀疑这两个人其实是眼镜男的分身，也就是假账号，如果事实成立，我要告他公然侮辱。”

“怎么说？”

“我发现这三个账号有一长串的‘共同好友’，于是我一个个传信息问这些好友，问他们是否认识另外两人。结果不意外，没有一个人见过他们，没人知道他们的底细，只知道他们自称是眼镜男的朋友，这些人会把他俩加为好友，也只是为了增加自己的人气，没人在意那是不是假账号。不过有件事，引起了我的注意。”

“什么事？”

“我翻了眼镜男这三年来在社交网站上的活动记录，发现他一旦和其他人起争执，这两人都会现身护航。曾经有人询问他们的身份，眼镜男只说这两人是他的同事。不过我不信，你往下翻。”

小骆指着那一大段画上红框的部分。

“首先，这三个人的语气十分相近，说话时都会穿插几个英文单词，但这不是重点，重点是他们都拼错了同一个单词，而且还不止一次。

“第二，如果仔细看内容，就会发现他们几乎是接力发言的，之间没有任何空隙，就像事先打好了一篇文章，然后依序分给三个人一样，每一段都分得恰到好处。除了开分身，我想不到其他这么有默契的接话方式。

“第三，这两人的社交轨迹一片空白，几乎没有任何活动或拍照打卡的记录。”他把那两张照片翻到背面，“就连个人资料也不明确，只有兴趣和所在地与眼镜男一模一样。于是我请大学同学帮忙追查这三人的 IP，他是个资深软件工程师，不出所料，三个账号的 IP 位置一模一样，于是我决定找那三个人摊牌。”

“你怎么做？”

“我先把 IP 位置的追查结果分别传给其他两个人看，他们先是很有默契地坚持与眼镜男不熟，彼此也不熟，只是被他找进来参与对话，做做样子。但谈到 IP 这件事情时，信息就已读不回了。”

“与眼镜男不熟，两人彼此不熟。”我喃喃自语，然后标注在对话记录上。

“最后我把追查结果传给眼镜男，问他是不是开分身，如果是，请他公开向我妹道歉，否则我要告他公然侮辱。”

“他怎么说？”

“我觉得他根本不怕被揭穿这件事。你看手上的记录，他只回我：‘开分身又怎样？反正我有精神分裂，你觉得法官挺谁？’”

“精神分裂？”

“我当时也愣了一下，这跟我之前听过的症状不太一样，所以我做了功课，才发现他指的应该是‘人格分裂’。”

“没错，很多人会将这两种症状混淆，你比他认真多了。”

精神分裂（Schizophrenia）已经是历史名词，现已更名为“思觉失调症”。这是一种精神疾病，由于案主的思想跟感官经验“不一致”，因而产生了与现实断裂的感受，譬如妄想（担心有人跟踪，却始终找不到这个人），以及幻听（电视明明关掉了，却听见喇叭一直发出人声辱骂自己）。这里的“分裂”，指的是因为精神与行为能力的缺损，造成与现实脱节的状态。

人格分裂则是一般所谓的“多重人格”或“双重人格”，正式名称是“解离性身份障碍症”（Dissociative Identity Disorder，简称DID）。顾名思义，就是同一个身体住进好几个灵魂，成了一间拥挤的房间。但由于它的能见度低于精神分裂一词，因此若有个外行想冒充这种病症，极有可能会被“分裂”这个字根误导，望文生义，说自己有精神分裂。实际上，一个是精神症患，一个是解离疾患，两者天差地别。

“就当他口误好了。那他在和你妹妹交往的这几个月里，有发生过短暂失忆的症状吗？譬如饭吃到一半，瞬间忘记自己身在何处，或打死不承认电影票是自己买的之类的？还是有那种突然回神之后无法接话的状态？多细微的情况都可以。”

“妹妹没跟我提过，不过没关系，我马上问她。”小骆掏出手机。

“等等，再顺道帮我问一下，他有没有话说到一半就突然转换语气，就像变成了另一个人，或是穿衣风格、饮食或音乐品味反复无常的情形，尤其是喜欢的音乐类型突然翻转的状况。”

“好，没问题。”小骆一边拨电话，一边离开会谈室。我趁此从书柜抽了一本书，那是一本很有名的书。

约莫十分钟后，小骆回座。

“我连那位女同事都问了，她和我妹都说眼镜男没有那些症状。我妹说他们几乎没吵过架，他的日常喜好很稳定，最喜欢的还是Lo-Fi乐队，至少这点他很忠诚。”

我点点头，把手上那些对话记录重新爬梳一遍，轮廓已然成形。

“所以，他到底算不算人格分裂？”

“目前还不能确定，但我能确定的是，他应该早有预谋。”

“什么意思？”

我拿起左边那张照片，外国男人那张。我终于想起来他是谁，正是以Lo-Fi闻名的“人行道乐队”（Pavement）主唱斯蒂芬·马克缪斯（Stephen Malkmus），但名字却换成了让人摸不着头绪的“Logan Vadascovinich”。于是我把手边的书递给小骆，大家应该都猜得到，那本书就是《24个比利》（*The Minds of Billy Milligan*）。

“主角比利有两个很重要的人格，一个是里根，一个叫阿瑟。对其他人格来说，比利的身体是一个大家庭，里根则是个负责保护家庭的猛汉，而他的全名是里根·瓦达斯科维尼希（Ragen Vadascovinich），姓氏来自南斯拉夫。我想他使用的这个账户名称，八成是参考了这本书，只是把名字修改为罗根，至于照片，应该是眼镜男本身的偶像。”

接着我指向右边的照片：“你看另一个人叫什么名字？”

“亚瑟王。”

“在书里，亚瑟是英国人，是个像管家一样的存在，负责决定每个人格的话语权。照片显示的是美国演员爱德华·诺顿。他在电影《一级恐惧》（*Primal Fear*）与《搏击俱乐部》（*Fight Club*）里饰演多重人格患者，口音转换流畅。这张照片，正是他在《一级恐惧》里的剧照。也就是说，这两个账号早有伏笔。”

“天哪，根本就有备而来，所以我们只能等着挨打吗？”

“那倒未必，正是因为这样，反而让他露馅了。”

“怎么说？”

“因为他的表现，跟多重人格患者的真实病态并不一致，而且几乎朝反方向走。”

第一，多重人格是一个会让患者感到十分恐惧的疾病，因为他的身体就像一台数据共享器，大家轮番进驻，即插即用，以最简单的概念来说，就是“附身”（Possession）。案主遭到附身后，意识会被完全压倒，因此他本人不一定拥有主控权。他不知道自己的身体何时会被接手，会被占用多久，一旦轮到其他人格使用，本人便会丧失记忆，就像切换电视频道一样，被遥控器转台后，不知何时才会切回原频道，就算切换回来，跟原来的剧情也衔接不上。于是他的人生就像不断被剪辑过的影片，每次一睁开眼，就被传送到各种陌生的场景，面对这种情况，患者本人肯定开心不起来，甚至害怕被人发现这件事。

在我工作的这几年中，只接过一例双重人格案例，案主第一次推开会谈室大门时满脸惊恐，就像走路走到一半被谁绑过来一样。他没听过我的名字，也没来过我们医院，他原本在新竹某医院治疗得好好的，硬是被表哥叫过来这里，而且还说不出表哥的身份。由于整个情况太荒谬，我只得致电给他在新竹的心理师，才得知“表哥”正是他的次人格。

但眼镜男却毫不避讳，甚至大剌剌地跟小骆自白，就情绪表现而言，他似乎很沉醉在人格分裂患者的形象里，对于一个随时会被附身的人来说，应该没人比他淡定了。最合理的解释，就是他把这个疾病当作脱罪的筹码，因此乐于展示。

第二，“失忆”是解离疾患最核心的症状，解离（Dissociation）指的正是一个人与自身意识“脱离联结”的状态，但他居然一次都没有发生过，而且一连几个月都没出现。若他真的有多重人格，亚瑟王身为管家，应该早在他们交往当天，第一时间跳出来跟妹妹打招呼，顺便请她拜码头，通常这时候女方就会吓到吃手，接着提分手。而且根据对话纪录，这三个人的对话衔接得行云流水，不像一般患者在进行人格转换时会有个顿点，才刚失去意识的主人格，居然能迅速融入对话，看这些对话，我脑中浮现的是他拿着一部手机切换账号的画面。

第三，多重人格跟职场一样，都有主次之分。依照病程发展，主人格一开始不会知道次人格的存在，甚至拒绝承认他们的存在，因为他无法对自己解释整件事的来龙去脉。主人格大多是借由其他人格在生活中留下的线索或痕迹，来得知次人格的身份，次人格之间的意识则是互通的，这是他们的沟通方式。但本案可疑的地方在于，假设眼镜男是主人格，另外两个是次人格，两个次人格却宣称与主人格不熟，彼此互不相识，这完全违反发病机制。毕竟次人格的存在，就是为了“保护案主”（多数是阻止案主自杀）。他们各司其职，负责应对各种不同的困境，严格来说，这些人格就是案主通关时的各种必杀技，让案主得以与压力脱钩，于是解离成为一种防卫机制。因此若要增加说服力，应该要立马承认“我们就是来帮他的”，但这两人却做出完全相反的响应，倘若眼镜男诈病，这就表示他看到小骆的 IP 证据后一时心虚，毕竟没有多重人格的罹病经验，不可能在瞬间做出真实的病症反应。

第四，从对话记录以及小骆搜集的资料看来，这三个账号的性格毫无区别，光是这一点就不足以被称为多重人格，叫“复制人格”还比较切题。眼镜男虽然在照片与账号上动了脑筋，但要捏出一个完整的人格却没有想象中那么简单，因为这个人的习性必须从头到尾保持一致，尤其从争执中，很容易看出来他们对冲突处理的差异。以真实案例而言，眼镜男若与人发生争执，应该要选择摆烂装死，南斯拉夫人会直接爆气，亚瑟王则会参与调停，一个是打手，一个是军师，但这么精彩的剧本居然没有出现在对话里，那里只有一堆等着被告公然侮辱的证据。

更有甚者，这三个人的“智力表现”都应该有所差异，这部分可借由事后鉴定得知。倘若眼镜男想玩真的，就应该要用心经营这两个假账号，让他们看起来像个性格迥异的活体，一旦被告，至少还有证据拿得出手。但这样搞除了劳心费力，还有被专业鉴定翻盘的风险，因此选择偷懒，而偷懒正是诈病案主破功的主因。如果有心诈病，人格分裂绝对是我最不推荐的选项，性价比真的太低。

最后一点，多数患者都有幼时遭“凌虐”的经验，包括遭毒打或性侵。幼时是人格养成的黄金时期，也是人格最容易被撕开的阶段，因此若是创伤过深，他们只好说服自己“这个人不是我”，一旦能说服成功，转交给其他人格代为承受，“这件事就伤不了我”。对于受虐的孩子来说，这其实是一件令人哀伤的事。但若真如眼镜男的女同事所言，这家伙俨然就是个妈宝，因此我找不出必须有其他人格替他分担痛苦的可能。

小骆专注地抄下我说的每一句话，在我们相处的50分钟里，我可以毫不费力地想象他和妹妹之间的感情。

最后我拿出白板，写出以下的结论：

- 本人通常会极力隐藏身为多重人格患者之事实，本案恰好相反。
- 多重人格患者必定伴随记忆丧失，本案则无。
- 主人格通常不知道次人格，次人格彼此互通，本案不符。
- 本案主次人格的性格表现几无区别。
- 主人格通常有遭凌虐的童年经验，本案疑无此情形。

临走前，我叫住小骆。

“这些都是透过二手数据做出来的假设，既不客观，也没有任何鉴定效力，只能当作参考，讲白一点就是自我安慰，无法证明他真的诈病。若你决心提告，法院应该会再指派其他医院进行司法鉴定，但如果需要更详尽的资料，我可以出一份今天的会谈纪录，还有其他的相关文献，这两天一并寄给你。”

“谢谢。”小骆微微举起手中的牛皮纸袋，“这些应该就够了，我再整理一下，到时候直接找他家人谈。”

“嗯，但如果可以，我建议还是先问你妹妹的意见。发生这种憾事，没人知道她是怎么过的，关于她的感受与意愿，我认为应该要摆在第一位。”

小骆严肃地望着我，然后拍拍我的肩：“谢谢提醒！这样吧，不管结果如何，下个月我值白班，下班后来我办公室，我请你喝一杯。”

到医检室喝一杯?

“别怀疑，身为化学人，调酒对我而言，只是一道乙醇与辅料的精密配比过程。”

两周后，晚上 7 点，我推开挂有“Staff Only”的门，穿过检验科的长廊，血清组与镜检组都还在作业。

小骆起身向我招手，领我到会议室，而会议桌已摆上两杯威士忌可乐，连冰块都凿好了。

“结果怎么了？”

小骆耸耸肩。

“妹妹拒绝了。她一翻完那叠数据就开始哭，泪水无限供应，一下杀得我措手不及。你要知道，这个女汉子在拿完孩子那天，还有被那三个账号围剿当时都没哭，就是个死硬派，可是那晚却抱着我哭得稀里哗啦的。那时候，我脑中涌出了很多她小时候被教练骂哭的画面，但我却不太记得该怎么安慰她。唉！”

小骆示意我喝酒。

“后来我冷静下来，才发现自己可能真的做错了。那份数据最大的作用，就是再次确认她被一个男虫骗财骗色而已。况且就算冲去他家摊牌，把对方告倒了，也不是妹妹想要的画面。现在想想，我实在太不冷静了。”

“干吗要冷静？身为一个哥哥，有这种反应才正常啊。或许她哭，是因为看到了你的心意，感受到你想为她做点什么的焦急。失去男友，得到家人，关系的轻重，在那一刻倾斜得很清楚，而这种倾斜是一种很甜蜜的角度，的确值得流泪。”

“你超会安慰人。”

“我靠安慰人吃饭。”

然后我们很有默契地举杯。

“我后来想想，你妹妹其实跟眼镜男有个相同的地方。你知道古罗马诗人提布鲁斯（Albius Tibullus）吗？”

小骆摇摇头。

“我也不熟，但他有句名言：In solitude, be a multitude to yourse（In solis sis tibi turba loci），意思是‘孤独的时候，一个人要活得像一支队伍’。

“无论是眼镜男或是你妹妹，都实践了这句话，只是处理灵魂的方式不太一样。前者把灵魂拆成一支队伍，分散风险；后者则把灵魂整合得像一支坚强的队伍，独自对抗世界。处理灵魂的方式没有对错，它让前者活成了人格分裂，后者活成了死硬派。但我觉得诗人应该比较喜欢死硬派，死硬派摇滚多了。”

“那就一起敬死硬派吧。”小骆露出温暖的笑容，我们举杯一饮而尽。

倘若有任何死硬派正在看这篇文章，不要忘记，曾有两个男人为你举杯。

龙王的动物园

孔雀知道，
龙王是唯一能听懂动物话的人。

一切都是孔雀的阴谋！

我跟龙王第一次见面时，他的开场白并不是什么“你好”，也不是“请问我什么时候可以出院”，而是那句让人摸不着头绪的——

“一切都是孔雀的阴谋！”

若要帮悬疑小说写个开场，那他无疑展现了非凡的潜力。

先说说龙王吧。

龙王今年25岁，身材高瘦，下巴是稀疏的胡茬，对话时没有什么眼神接触，总是盯着对方的头顶。根据记录，他家里经营螺丝工厂。他从小喜欢动物，书房有一整柜动物图鉴。初中毕业时，他放弃公立高中，坚持要读当地农工的畜产保健科，凭着优异的生物成绩，排名一路领先。

不幸的是，高二那年他突然发病，患的是精神分裂症（现已更名为思觉失调症），他开始笃信自己是深海龙王转世，并频繁地与动物对话，不只跟校犬抬杠，也与水池里的乌龟和锦鲤谈心，海陆两栖通吃。自此，“龙王”的名号不胫而走。当然，他也没躲过同学的嘲讽，所幸当时直播风气未盛，龙王的下一站只是被送进急性病房，而不是跃上影音平台。

精神分裂症，现已更名为“思觉失调症”，为的就是要缓冲“精神分裂”这几个字所带来的污名化效应。因为对多数人而言，他们是“脱离现实”的一群，思考与感觉都出了问题，对应症状就是“妄想”与“幻觉”，还伴随一些混乱的言行举止。

妄想，指的就是一种让患者“十分坚信，却是凭空臆测，不切实际的想法”，类型有很多种，比较常见的有：被害妄想、夸大妄想（自认为是宇宙之王）、关系妄想（认为路人说的话都和自己有关，电视里的人都对自己开骂）以及嫉妒妄想等。至于幻觉，则是指在缺乏现实感官刺激的情况下，所产生的感官知觉，亦即“感受到现实不存在的事物”。至于治疗方法，大多都是服用抗精神药物，也就是所谓的“血清素—多巴胺拮抗剂”（Serotoin-Dopamine Antagonists，简称 SDA）。

就龙王的案例，所谓“妄想”，就是他所坚信的自身身份，其实只是个不存在的传说，而且还有夸大倾向。而“幻觉”则是他能听懂动物的语言，还能与之对话，心灵相通。

受思觉失调所累，龙王一直到 20 岁才勉强念完高中，即便免役，工作情况也不稳定，偶尔到动保协会当义工，直到半年前才经由姑姑介绍，到南部一家颇负盛名的私人动物园担任助理饲养员。那地方我去过一次，动物容量与品种数居全岛之冠，园区常有鸽子盘旋，饲料贩卖机比洗手台还多，充分满足了人类宁愿花时间喂动物也不想喂小孩喝奶的意愿。然而接下来的故事，却会让我开始犹豫，是否要再踏进任何一间动物园。

“你知道动物园里，讲话最大声的动物是谁吗？”

我指向他，顺便测试一下。

“我是龙王，龙王是神的一种，跟有肉身的动物不一样。”

果然。

“那……应该是狮子吧。”

“哼。”龙王冷笑了一声，突然作势对空气咬了一口，有点像在打喷嚏。龙王表示这是一种“吞龙珠”的动作，每个人在说话前，思想都会像对话泡泡一样浮在头顶上，形成龙珠。而他从不直视对方，为的正是追踪龙珠的动向，一旦这些龙珠被他吞下去，你的内心世界将无所遁形。

“你以为狮子是万兽之王，喊水就会结冻？你错了，在园区里真正有辈分的，是孔雀。”然后他开始打嗝，据说是为了把空的龙珠壳吐出来。

“孔雀？”

“老板养的孔雀。它是老板唯一的亲信，任何重大的决定，老板都只会问它，就像那个什么世足赛的章鱼哥一样。如果整座动物园失火，老板应该只会救它。”

龙王说，半年前他刚进去的时候，动物园生意惨淡，一天只开了两班接驳车，加上雨季长达一个半月，根本没人要去。湿冷的天气让动物开始生病，所有动物都拒绝见客，跟广告上的图片完全是两个世界。当时龙王每天都在帮忙喂药跟清排水沟，一直到第三个月才拿到薪水，但老板免费供应食宿，于是他决定帮老板一个忙。

他刚进动物园时，是由他的师父，也就是正牌饲养员祥仔负责带他。祥仔的头上有道长疤，讲话嘴歪歪的。

龙王除了清理园区，照料孔雀的任务也落在他身上，雀舍就在行政办公室后方，独立成舍。

从第一天起，他就发现孔雀一直想找他讲话，但在龙王眼中，孔雀还不够格找自己攀谈，加上他不想让工作人员发现症状，于是选择按时服药，但下场就是听不清楚动物说话，也不太能吞龙珠。他每天负责消毒场地，挑选合格的玉米喂食，半个月除虫一次。经过三个月观察，龙王却意外发现一个惊人的事实：

鸽子都只是信差，孔雀才是扛把子兼智囊。

各个动物区会定时将意见与现况汇报给鸽子，传达给孔雀之后，再统一由孔雀下达指令。于是在领到薪水的那晚，他决定停药，问问孔雀有何贵干。

“很高兴认识你。”这是孔雀对他说的第一句话，他望着浮在孔雀头上的泡泡，一口咬下，然后突然感应到，在他们离别时，这句话似乎还会再出现一次。

孔雀知道龙王是唯一能听懂动物话的人，它想给老板一个建议，帮助动物园度过凛冬。

"你要不要上网看看动物园现在变成什么样子？"

龙王似乎很期待我做这件事。

一旦病人的要求有妄想倾向，最好的方式就是不反驳，只要确认没什么伤害性，就顺着要求往下走，但这并不代表赞同他的立场，而是"正在试着理解他"。

于是我拿起手机，打开动物园粉专，赫然发现动物园已彻底改头换面，而且是那种会让人误以为遭其他财团接手的程度。

首先，动物园做了一个大胆的决定，它没有实行所谓单一票价，而是完全以"行程"来决定游园价位。整座园区大约有十来种行程，主要以"年龄""财力"以及"身份"来区分受众，每种行程都有各自的游园路线与观赏动物品种，园区还煞有介事地比照台北捷运，制作了相仿的路线图地图。

依照年龄层，园区规划出五条行程，分别是："儿童线""青春线""青壮线""长青线"以及"乐活线"。儿童线大多集中在喂养行程与人偶表演，另可免费使用儿童游戏室，配有专人看护，还能喂金鱼跟兔子。长青线的行程多接近用餐区与休息区，还可免费领取水果（免费很重要）。乐活线则会有来自日本的动物，例如丹顶鹤，或是能勾起时代回忆的大象等。

若以财力区分，则有："福利线""精英线"以及"尊爵线"，价位逐级调涨。福利线是专门开放给"低收入身份"民众的免费游园路线，但仅限于某些动物，入园时长也有限制。精英线可当作加值行程，主要是能与进口的珍禽异兽互动。尊爵线除了复制精英线行程，还配送豪华座车送你到每个分区，车上有无限供应的果汁与轻食。若不想下车（我不懂为什么），随行的专属导览员会留在车上解说，下车喂食时会附赠手套与进口清洁液，并享有最高等级的意外险服务，一天仅限三组。

若以身份区分，大多会限定资格，譬如有："情侣线""寿星线""学者线""勇者线"以及"梭哈线"。情侣线会安排雌雄成双的动物区，并提供打卡热点。寿星线必须为当日寿星，可自行选择任一行程，统统六折。学者线可以在爬虫馆与标本馆泡一整天。勇者线则是类似非洲体验之旅，也就是把你放到野外，坐在笼车里等着被老虎、狮子吓到挫屎[1]，这部分有年龄与慢性病史限制。梭哈线就像乐透彩买全餐一样，只要口袋够深，每个分区都能玩一轮，但限定一天之内。

"你看到的这些路线，都是孔雀向我提议的。"

1. 闽南语里指拉肚子，在这里有调侃之意。

龙王说，孔雀跟所有动物商量好，达成共识后才想出这套方案。之后，龙王每天凌晨都到雀舍抄笔记，为了听清楚孔雀的话，他连续好几天没有吃药，动物们的八卦每晚在空中流动，这让他很难专心，精神开始恍惚。好在孔雀的态度很友善，他们偶尔也会聊心事。

一星期后，他将整理好的笔记交给祥仔，然后向他坦承自己能听到动物说话。没想到祥仔听了竟然一派从容，他听说祥仔好像带有乩身[1]，这种事应该见怪不怪，但关于祥仔的履历，我就没什么兴趣往下听了。

两个星期后，老板在例行周会上接受了这份提案，祥仔则拿到一笔优渥的提案奖金。经过营销部门优化细节，园区便正式进行改造。依照行程区分价位后，游客明显增加，园区逐渐恢复生气，大家不会再花冤枉钱去看自己不想看的动物，老人可以多花一点时间在餐厅吹冷气，家长可以在小孩看表演时喘息，情侣多了去处，只想跟无尾熊、企鹅自拍的也可以跳过一般行程。

接下来的两个月，营收喷发了，粉专人数激增，只要输入关键词，第一条就是园长接受采访的新闻。

龙王觉得自己终于做对了一件事，他感到与有荣焉，但又不能失去工作，于是在他决定继续服药的前一晚，去找孔雀道别，却无意间听

1. 中国台湾地区的一种迷信说法，指神鬼附身占卜吉凶。

到了它跟鸽子的对话。

“再让老板多赚一个月吧，告诉无尾熊，它们下个月就可以休息了。”

孔雀这句话让龙王感到困惑。等鸽子离开后，他走向孔雀，没想到它面不改色（事实上也看不出它的表情）地说：“无尾熊说，它们不想再看到那些尊爵线的游客了，每个人都不想下车，这样它们没办法观察，拿不到积分，对它们不公平。”

“积分？”

“但比赛就是这样啊，竟然还要罢工，有时候动物就像人类一样，也蛮爱计较的。”

“比赛？”龙王愈听愈糊涂。

“唉，你这个神棍！”孔雀看着龙王，说了一句重话，“亏你还说自己是龙王，吞了那么多龙珠，结果竟然完全状况外！”

龙王想回嘴，但他真的完全状况外。看到他这副模样，孔雀开屏了，没想到孔雀居然可以因为嘲讽人类而开屏。

“动物园的改造，不是为了增加园区收入，而是为了‘方便观察人类’。”孔雀接着说，“其实世界各地的动物园都会举办类似的比赛，这是动物之间的默契。这座动物园经营了15年，今年是第三次办比赛。我们依照人类的年龄和财力进行分类，分下来大概十几类，因此才规划出各种行程，分配给每只动物观察。每一区的动物大概都会观察三到四类，年终必须针对其中一类发表结论，交给鸽子传达。所有动物都要进行评分，比赛周期是四到五年，总积分最高的动物，下次可以优先选择要观察哪种人类，以及当我的副手。”

“观……观察这个干什么？”龙王说他那时候开始感到紧张，眼前明明是比自己弱小的生物，四周也一片漆黑，但正因如此才吓人，好像他只要说错一个字，谁就会从他身后跳出来把他吞了。半夜的动物园，人类才是弱势。

“搜集情报啊。最了解人类的动物是猫、狗，只是它们进不了动物园，没人想去动物园看家畜，所以我们无法互通情报。但其他动物也想了解人类，各式各样的人类，不看动物而忙着自拍的情侣，一边逛一边抱怨无聊的老人，把小孩丢在育婴室的家长，进动物园却躲在游园车里的有钱人。可惜的是，并不是所有的人类都能被每一只动物看到，所以才会采用分配制，而这也是最有效率的方法。”

“为什么想了解人类？”

“你之前说你有一大堆动物图鉴，我也没质疑你啊。凭什么只有你们可以了解动物，我们不能了解人类？”

“那你们……有什么目的？”

“那你们又有什么目的？”孔雀反问：“一定要有目的吗？我

们不能研究吗？人类也天天研究人类啊。你们会这么害怕，还不是因为你们不信任其他生物。人类在动物园只信任栅栏，只要动物一跨过栅栏，麻醉枪就待命了。但没关系，你们只是想保护自己，我们也一样。动物每年都在减少，我们得知道人类在想什么，才能找到对策。不过人类真的很难懂，要不然这个比赛也不会一直办下去，每年的结论都差太多了，这表示大家观察到的都不太一致。”

“你们应该是因为被抓进来，想着哪天要一起逃出去，才开始研究人类吧？”

“我真的很怀疑你是不是龙王耶。你的龙珠都白吞了，居然连动物在想什么都不知道。你以为大家被抓进来很可怜？你错了，大家是争先恐后等着被抓进来的。为什么？因为外面根本不能住啊。”

龙王这时很确信自己吞的是口水，不是龙珠。

“在天上飞的，不是被射下来就是被空气污染害死。住海里的，不是被捕上来就是吞一堆垃圾死掉，有时还两种死法一起发生。路上走的，扣掉那些能吃的、皮能卖钱的、适合被抓去做实验的，全都只能往森林里逃，结果现在一堆人跑去偷锯木头，天气又烂，连森林也保不住了。但这还不是最惨的，最惨的是那些当宠物的，失宠后就等着安乐死。你说，哪里比动物园还安全？有吃，有住，有人照顾，还能观赏各种不同的人类，根本没动物想逃。以前在战争时代，前辈是处心积虑往外跑，毕竟一旦发生战争，动物就等着被处死，因为怕我们跑出去伤害人类。如果粮食不够，尸体还会被吃，连鳄鱼都有人吃。但是现在时代不同了，我们只想过得舒适一点。

“坦白说，我们一点都不讨厌人类。要说讨厌，倒不如说无奈，弱肉强食，输了就是输了。倒不是因为我们笨，而是人类的征服欲望跟求生意志实在太强大，我们只好观察赢家，看看我们是怎么输掉的。后来我们发现，人类之所以能赢，靠的就是团结，因为人类认为自己最聪明，而且很坚信这件事，因此整座动物园必须团结起来，才能搜集到各种信息，让动物们更了解人类。”

“然后准备反扑吗？”他想象着那画面，少了栅栏跟麻醉枪，人类就跟蚂蚁一样。

“反扑？那是弱者才需要的东西。你们完全忘记了一件事，地球本身就是最大的动物园，如果把物种分成人类与其他生物两派，按照数量和比例，人类才是被观赏的那一方吧。况且在大自然面前，反扑根本没有意义，什么生物都得看它的脸色，光是来个板块移动，大家就绝望了，就算你是龙王也躲不掉。其实大家也没有很向往野外生活，只是一直看同一批人有点厌烦，因此才会隔几年重新分配不同的人类，换换口味。反正只要我一声令下，每只动物都会开始装死，一旦收入往下掉，老板就会想改造动物园。”

“不对啊，如果没有我，你们要怎么办比赛？”龙王突然想到这件事。

“你还记得当初怎么进来的吗？”

“我姑姑找我来的，他说这里缺人，然后我就来面试了。”

“事实上根本不缺人，园区原本就不缺助理，那是你师父祥仔的意思。”

“祥仔？”

“祥仔本身是乩童[1]，也能跟动物说话。老板是个有点迷信的人，十几年前把我从泰国买过来，孔雀在泰国被当成神兽，因此说话很有分量。来台湾之后，我意外发现祥仔可以跟我对话，因此老板会透过他来问我很多事，但很多都是我乱讲的，只要偶尔开屏一下，老板就以为得到了答案，然后他自己就会去解释我的答案。动物园之前两次改造，也是事先预定好的比赛，由祥仔负责传达的。”

“然后呢？”

“大概半年前，祥仔在运送饲料时出了一场车祸，撞到头，之后就听不到我们说话了，但他又不想让老板知道，怕自己会失去地位。后来他透过你姑丈，才终于找到你，而你姑姑也希望你有一份正职。他跟老板说自己车祸后体力变差，需要帮手，然后内定给你。但没想到你之前有吃药，根本听不到我们说话，一直到你对他坦承自己能听到动物说话后，他才终于松了一口气。”

1. 中国台湾地区的迷信说法，指神明或鬼魂跟人沟通的灵媒。

龙王一时之间百感交集，自己好歹也是个神，结果只是个神级的传声筒，而且还是二手的。“所以，师父也知道你们在办比赛？”

“他不知道，他只是想拿提案奖金。”

“好吧，我答应你，绝对不会说出这件事，我会继续服药，我只想好好工作。”

“谢谢你，我知道你真的很爱动物，也知道那只狗的事情。”孔雀顿了一下，看着他，“不过很可惜，我跟其他动物约定过，不能让人类知道我们在观察他们。我知道就算你说出去也不会有人相信，但是我必须遵守承诺，不能让你留在园区，反正离下次比赛还有五年，祥仔还会再找其他人，抱歉。”

“等等，你……你想干什么？”龙王一直觉得，这里的动物根本不把深海龙王当一回事，也没人尊敬他，动物不会畏惧人类的神，因此，这时要是有只老虎突然冲出来灭了他也不足为奇。

“对了，你头上有两个监视器。”

龙王抬头一看，视线随即回到孔雀身上：“还有，很高兴认识你。”

孔雀一说完，瞬间倒地。

龙王一时之间手足无措，监视器全录下来了，他根本百口莫辩。他赶紧冲进师父的房间叫醒他，凌晨一点，园区掀起了一阵小骚动。

一星期后，龙王住院。

根据园方的说法，孔雀是因为误食鸽粪，才导致肠胃道被寄生虫感染。龙王之所以被送进病房，其实与孔雀无关，而是那天之后，他担心自己的一举一动被监视器拍下，于是抓紧各种时机想向老板澄清孔雀倒地的原因，还宣称这全是孔雀的阴谋，他是被陷害的。老板不堪其扰，才发现他的药袋里有一堆剩药，加上没人相信人类会被孔雀陷害，因此赶紧通知家属，连夜将他送回北部住院。

经过家人询问，园方表示早在一年前就开始规划改造方案。至于祥仔，他拿的不是提案奖金，而是职灾补偿金。

后来龙王的姐姐告诉我，龙王高二发病前，他最心爱的狗被毒死了。

狗平时拴在工厂，有天晚上误食了毒肉块后，开始抽搐，但附近没有兽医急诊，他只能把口吐白沫的狗放在机车前座，油门一转拼命往市区骑。一路上那只狗不断掉出机车，龙王停停走走，简直快崩溃了，他连夜赶到几公里外的大医院，可惜急诊室没人能帮上忙。他抱着奄奄一息的狗在医院外蹲了一整夜，双手都是它的口水，最后狗在他怀里死去。

工厂并没有遭窃，监视器只拍到穿雨衣的男人。他只好沿着厂区附近的电线杆贴凶手照片，一连贴了两个多月，凌晨还在工厂站哨，跟踪了几个可疑的人。那段时间他几乎没睡好觉，课也没去上，工厂还因为乱贴传单被罚了好几万，凶手却依然逍遥法外。

没多久，他就开始自称能听到动物说话，一心希望能向动物们问出凶手的下落。

当然，从病理学的角度来看，龙王不太可能因为单一创伤事件就此发病，毕竟思觉失调症是一种遗传性质强烈的精神疾病。龙王的叔叔也是患者，除了基因影响，神经化学的失衡状态也得考虑进去。

最合理的说法，就是他原本就具有患病体质，加上外界压力的推波助澜，最后释放了症状，让他一脚越过现实与妄想的栅栏。因此这整个故事，极有可能是他按照既定事实，加入对动物的情感投射后，一步一步往回编造的“前传”，目的是为了合理化他的脑中小剧场。对他而言，既然没人能验证情节真伪，倒不如把故事说圆。

然而吊诡的是，我在三天前收到了动物园的回信。针对我的询问，园方表示，园内的六只进口无尾熊，的确在这个月开始出现精神萎靡的状态，病因未明，尊爵线的游客也因此受到影响，园方正考虑暂停此线。

我想，龙王还是应该感到与有荣焉，但不是因为他协助改造园区，而是他给了人类一双动物的眼睛。

性别不安：“我要证明我是同性恋！”

我们就是他们身后的墙，
不是为了堵住他们的退路，
而是成为他们最后的屏障。

“我要证明我是同性恋！”

女孩一坐下来便单刀直入地提出需求，毫不扭捏。

她有张干净又剽悍的脸庞，语气跟她的脸廓一样锋利，这是我第一次遇到初中女生提出这样的需求。

坦白讲，这句话应该能显示出她是被谁要求过来的。毕竟要证明案主是同性恋一点都不困难，对其而言，他们不需要证明这件事，就像异性恋也不需要开证明。

难的反而是他们大多不想证明这件事。因此我遇到的情况有可能是：“能不能让我爱女人？我爸帮我订婚事了，就在三个月后。”最后一次疗程，男人抱着头哭了半个钟头，我唯一能做的就是等时间走过，我不敢去想他的未婚妻会面临什么处境，如果再有一个孩子，孩子的造化会如何转折。

也有可能是：“好吧，我承认我说的那个朋友就是我，但可以不要写进记录吗？这会影响升迁。”因为伴侣劈腿而吞药自杀的女主管，被公司要求进行心理治疗。我们都知道她口中的朋友就是她自己，但这种心电感应无法给她实质的帮助，因为她是传统模具公司的第一位女主管，底下全都是等着拉她下马的男人。

又或者是：“她还能治得好吗？我想让她正常一点，喜欢男生。”对面坐的不是理平头、染金发的女孩，就是用粉底盖住痘疤的男孩，他们都向往同一件事，就是互换身体。他们都娴熟于同一句开场白，就是“我妈什么都不懂啦”。看着焦心的家长，我已经很习惯他们的要求，也有预感这句话会出现在今天的场景中。

以上这些变换为文字的故事，都是在做同一件事：“移除”或“隐蔽”喜欢同性的事实。前者基本不可能，后者只能出现在文书作业上，于是反其道而行，主动要求“曝光”的案例就显得耐人寻味了。

那是4月时节，寒假才刚结束，学校准备换季，一想到这件事，我便突然明白女孩愿意在医疗场所公然“出柜”[1]的原因。

“我不想再穿裙子了，但教官说要拿到医院的证明才能算数，证明我是同性恋。”

1. “出柜”，是同性恋圈子中的专有名词，意思是向公众公开自己的同性恋取向。

同性恋（Homosexuality）这个词，已于1973年从《精神疾病诊断与统计手册》中除名，也就是说，同性恋已不再被精神医学界视为一种“精神疾病”。接下来的几个版本中，与同性恋相关的诊断是“性别认同障碍”（Gender Identity Disorder，简称GID），最新版则改称为“性别不安”（Gender Dysphoria）。但这并不表示同性恋或其他跨性别诊断又再度借尸还魂，成了另一种病，而是指当一个人非常明确地对自己的性别认同（心理认定的性别）与生理性别不一致时，譬如性器官为女性，心里却认定自己是名男性时，所引发的“不安或困扰情绪”。因此，有问题的并不是“性别”议题，而是“情绪”议题。也就是说，一旦当个人对自己的性别认同达成一致时（变性成功、法律认可、人际环境接受度提高等），诊断便不复存在。

因此，教官很显然画错重点了。在这个案例中，女孩其实没有明显的“性别认同”问题（她认定自己是个帅气的女性，所以不想变性），而仅是性倾向为同性（喜欢女生），因此即便她是同性恋，也不一定符合诊断。当然，这个孩子或许也有跨性别（女跨男的异性恋）的可能。但学校看起来不太在意，他们只是要她来申请一张通行证，因此，我决定轻轻带过性别认同议题，把重点放在她强烈拒绝女性装束，因为在穿着裙子的过程中，如果产生了“不安与困扰情绪”，持续下去可能会损及社交功能。

整个衡鉴的过程并不复杂，量表也是照着诊断准则书写的，流程顺完就大致完成了。但没想到，接下来才是重头戏。

一个钟头后，女孩一边低头传信息给女友，一边走出会谈室。妈妈拿着有点褪色的棕色皮包走进来，她是电子公司的会计，下午特地请假陪同。

“怎么样，她还能不能治得好？”妈妈一开口就是一股烟味。

“嗯，跟妈妈报告一下，其实今天的目的不是治疗，而是确定她的诊断。”

“那她真的是……那个吗？”

我点点头，补了一句：“如果她没说谎的话。”

“那她有没有可能是被带坏？还是觉得这样很好玩？你知道她们小圈子很多啊。还是因为她读女校的关系？有没有可能上了普通高中会好一点？”

这一连串问号，都是为了增加翻盘的可能。一旦加上问号，事情仿佛就有了转机。

“没错，都有可能，对性的懵懂或探索可能会造成这种情况，又或许是环境氛围使然。但是，她说她从幼儿园就喜欢女生，小二开始不爱穿裙子，甚至故意把裙子剪破改穿长裤，有这样的事吗？”

妈妈突然安静下来。用沉默说出来的答案，往往最让人不安。

“我很担心她会被看不起，她这样走出社会一定会被排挤或是霸凌。”

“太太，说实话，现在支持错的市长候选人才会被霸凌。”本来想跟她开个玩笑，但幸亏我的理智线还没断。

“这种病，真的治不好吗？”

“首先呢，同性恋很早之前就被精神医学界除名了，因此它不算是一种病。如果不是病，就没有治疗的必要。”我摇摇头，接着说，“有个精神科医师说过，精神病必须要和痛苦感受或社交功能障碍有关。倘若以这个条件为前提，那精神病就跟是否为同性恋或异性恋无关了。”

“就算不是病，那也不正常啊。不是说同性恋生不出小孩，人类会灭亡吗？”

“如果照这样的逻辑，那全世界的人都得是同性恋才行啊，这不要说你，连我都无法想象。如果你担心同性恋会让人类绝种，因此逼她结婚，她一样也不想生小孩吧。就算她人工受孕或勉强生了，最后还是离婚，小孩判给别人养，然后多出一个不快乐的人，那孩子不是很可怜吗？现实中这种例子太多了。

“所以说，有些族群原本就无法延续后代，把他们放进样本是不公平的。就像神职人员或不孕症患者，他们在人类的生命传承史中是缺席的，从以前到现在都是，这样的人并没有变多。同性恋之所以被误以为族群人口愈来愈多，大多是因为曝光率变高的关系。事实上，同性恋跟感冒不一样，它是不会传染的。更何况，只要双方谈好，同性恋也可以进行人工受孕或试管婴儿，人类要是哪天因为某种原因不幸灭亡，我相信核爆会排在这件事情前面。”

“那如果她去领养小孩，教出来也是同性恋，或心理有问题怎么办？”

“这就更不用担心了。几年前，国外有一份社会科学研究报告指出[1]，无论家长是异性恋或同性恋，他们的孩子在心理与行为表现上都没有差异。也有研究指出[2]，同性恋家庭出身的孩子，不会比较容易成为同性恋，或出现性别认同问题。”

我引经据典，举证历历，目的是希望减缓她的担心，消弭同性恋与异性恋间的差距，让她相信孩子即便是同性恋，也没有想象中的那么糟。

1. 亚当斯，莱特.科学共识、法律和同性养育的影响.美国：社会科学研究.2015.第300—310页。
2. 戈德伯格，史密斯.同性恋和异性恋养父母的幼儿园选择考虑与校园欺凌经历.美国：儿童研究季刊.2014.第64—75页。

为了强调我的观点，我决定加重力道，但没想到，我做错了。

“嗯……冒昧地问一句，您是同性恋吗？”

“怎么可能？！当然不是。”

我可以感受到她内心的冲击，而这就是我要的。

“那就对了！我相信您没有教她去爱女生，但她还是爱上了，可见这种事，并不是性别教育能左右的。就算不教她爱女生，她长大后也会有所感受，即使勉强教她爱男生，情况也不会改变。你们家不就是一个证明吗？重点是，她有没有学会去爱一个人。”

我讲得头头是道，但没想到妈妈居然哭了，泪水扑簌簌地往下掉。我根本来不及回防，只好狼狈地掏出几张皱巴巴的卫生纸。

“那为什么我会把孩子教成这样？呜……她以前真的很可爱……”

她委屈地一边拭泪，一边看着自己的手机屏幕，照片中的人穿着草莓母女装，孩子大概是六七岁的年纪，笑得很甜，这或许也代表着，往后没有比它更值得放上手机屏幕的合影了。

“如果是你的孩子，你难道不担心吗？”我相信这句话并不是为了反击，但我却觉得自己被击中了。

“如果是……不好意思！”我看着手机屏幕，“先接个电话，病历室打来的。”

我走出会谈室，拿起手机，直接放进口袋。没错，根本就没有什么病历室的电话，病历室一辈子都不会知道我的手机号码，但当下我只能选择逃避。我得逃开一下，走进楼梯间梳理心情，因为——

我搞砸了，彻底砸锅了。

如果刚才的对话有录音存盘，那录下的就会是专业的傲慢，会谈室的官腔。

那些根本就不是她要的，她不需要有人来跟她讲同性恋不是病，不需要引述任何论文的结论，她只想要被理解，以一个妈妈的身份。

我站在楼梯间，对着窗外发愣，慢慢接受自己的低级错误，至于下半场该怎么走，我毫无头绪。其实我的手机屏幕也跟她一样，放的是孩子的照片，女儿在万圣节扮成了一只兔子，理由是“没关系，我喜欢”。于是当下，我决定把心理师的袍子脱掉，只留下一个四岁女孩的父亲。

回到会谈室，我一边坐下，一边伸手示意看她的手机。

“她那时候几岁？”

“小学二年级，那时候我刚跟她爸离婚。”

“离婚？”我想起照片上的笑容。

“我和她爸同事了十几年。她爸是业务员，但那几年景气不好被公司裁了。他只懂电子零件，开出租车根本赚不到什么钱，晚上一喝酒就动手，我被他打了两年多，实在受不了才离婚的。我其实不怪他，只是酒这种东西实在太恐怖，他以前是个斯文人，一沾上酒就把自己卖了。

“后来他放弃抚养权，自己搬走了。我和女儿感情蛮好的，只是过了一两年，她升上高年级后，就不太和我聊天了，我想她应该也不知道怎么跟我开口。我知道她讨厌穿裙子，知道她的抽屉全都是写给女生却被退回来的告白信，知道她在外面只穿束胸，知道她的浏览纪录很多是女同性恋的网站。这几年，她喜欢女生的情形愈来愈明显，连亲戚都在传。我离婚已经让家里很丢脸了，现在女儿又这样，我爸妈根本不欢迎我回家，我等于没有家人了。但这些都没关系，我是真的担心她会被欺负。”

我点点头。

“我一直很自责，会不会是因为她从小被妈妈带大，缺乏父爱，对男人不信任，所以才选择跟女生在一起。如果真的是这样，那就是我的责任，我一定要把她矫正过来。”

“也难怪你会这样想，但如果是缺乏父爱的女孩，很多长大后反而会寻找父辈的年长男性，就算原生父亲很糟糕也没关系，这反倒会提升她们的寻找动机。也就是说，‘正因为没被父亲好好对待过，所以渴望这样的经验’。反过来说，因为这种原因发展成女同性恋的，真的比较罕见。

“不过坦白说，同性恋真的不一定会有什么明确的前因，我知道你一时之间很难接受，甚至想找自己问罪。然而事实是，当孩子的基因决定了某些事情后，我们心里再怎么挣扎，也是跟概率钻牛角尖而已。”

“其实我常常偷看女儿的手机，她应该也知道，但她并没有锁起来，或许这就是她和我沟通的方式。我常常看到她跟她那个……婆，这样说对吗？跟她接吻的照片，我看到都快晕了。我们家是个单纯的大家庭，爸、妈和哥哥都是在梨山种水果的，他们一辈子都没看过同性恋，我也是。所以我是真的……真的很难接受。”

“不需要马上接受啊。坦白说，我自己也不习惯看到两个胡子男人当街对吻，画面太刺激了，根本不知道该怎么跟女儿解释。有些人会说不用解释，怎么可能？！面对这种状况，家长不可能飘走或装死，因为孩子的连环追问术是非常粗暴的。”

如果没记错，这应该是妈妈第一次笑：“但你们做这行的，应该很会处理啊。”

“我是心理师，但也是一个父亲，会有难以启齿的时候，也会有自己的价值观。毕竟这不是我之前习惯的画面，我需要时间适应，但这并不代表我反对这样的行为与现象。倒不是因为我有多开明，而是我找不到反对的理由。‘不知如何面对’与‘彻底反对’，原本就不是对立面。很多人不是反对，而是无法立刻支持。”

“其实为了女儿，我已经看了好几本书，很多都是同性恋家长写的，他们说之后会慢慢接受适应，但几乎都要十几二十年，我根本不敢想什么时候才能回老家。”

“唉，身为同性恋的家长，最起码都会有三项担忧：外界加诸的眼光、自身所受到的牵连，以及孩子的未来。但到最后，他们都不太在意前两项了。”

“如果是你的孩子，你不担心吗？”她还记得这一题，好吧。

“如果是我的孩子，我一定会跟你一样无助，一样想知道哪里出了错，甚至把祖谱挖出来，好好检视我们的基因究竟是从哪一段开始歪掉的，我的做法并不会比较高明。然后我会花上一大段时间适应整件事，跟孩子的关系会变得有点陌生，即便谁都没做错事。但仔细想想，这就是家长吧。我们不做他们的后盾，谁能呢？其他人不愿理解没关系，毕竟不是每个人都有切身经验，我们做不到让每个人都接受这件事。反对的人会以各种理由反对，支持的人会继续激辩，游离的人会试着习惯，这就是社会的样子。热度退了，新闻会换上其他画面，但家长不会换人，我们就是他们身后的墙，不是为了堵住他们的退路，而是成为他们最后的屏障。”

接着我打开手机相簿，选了其中一张相片，交给她：“这张照片，让我站上了某个起点。”

一年前，我在科学杂志上看到这张照片，那是一个十岁就决定转换性别的孩子，与她的双亲紧紧抱在一起的画面，对我来说，那就是血脉相连的证据。

在我看照片的同时，女儿在一旁玩黏土，然后做了个甜筒给我。

倘若在某个时间点，我可以开始把同性恋者视为一个“真正的人”，而不是特定族群或案主，那一天就是起点。能让我公平看待他们的，不是专业知识或头衔，那些只能告诉我“正确的看待方式”，但真正让我做到“公平地看待”的，是自己的孩子。因为她让我想到，如果我是照片里的家长，我会怎么做？

不用说，一定是紧紧抱着她。

“如果她最后真的跟女人共组家庭，我要怎么去想，才会比较健康？”

“嗯，这样讲或许对男生不太公平，但至少她比你幸运，躲过了一个臭男人的魔爪。这世界臭男生太多了，如果可以，我会亲自拷问每一个牵过我女儿手的男人。”

“然后呢？”

“把他们的手剁了。”

“噗。”我们相视而笑，她露出了一个“这就是爸爸啊”的眼神，我相信如果她手上有支烟，应该会在深吸两口之后递给我，因为那抽的不是烟，是家长的默契。

那天会谈结束前，我没能替妈妈想出更温柔的结语，如果这场对话有机会再来一次，《以你的名字呼唤我》（*Call Me by Your Name*）会是个很好的参考范本。

情窦初开的男孩，爱上了教授父亲麾下的研究生，两人相处六周，从试探到确认，天旋地转，但研究生终究得回国与爱人成婚。男孩伤心欲绝，这是他的初恋，即便对象是个男人。男孩聪颖又贴心，教授十分疼爱自己的孩子，对于两人的恋情，他始终看在眼里，那是1983年的意大利，同性恋还无法轻易面世的年代，情感的流动只能心照，不能言传。

影片结尾，男孩与父亲同坐一席，男孩低头不语，他的记忆还停在前几天送对方上车的那个广场。教授把看了一半的书合上，摘下眼镜，用他所能想到的最温柔的语气、最慈爱的眼神，对儿子说出了这段话：

“老天总是在你毫无预警的时候，用最狡猾的方式送你一拳，但你要记住，我就在你身边。现在的你，可能不想去感受什么，也不想跟我谈，但请你好好去感受你所感受到的，你有过一段很美好的友谊，或许超越了友谊，我很羡慕你。

“我相信大多数的父母都会希望整件事就此打住，希望他们的孩子回归生活常轨，但我不是这样的父母。为了加快疗伤的速度，我们已经从自己身上剥夺了太多感受，结果一到了30岁，情感就透支了，每经营一段感情，能给的就会比前一段还少，为了避免自己受伤而不去感受，这多浪费啊。你的人生要怎么过是你的自由，你只要记住，上天赋予我们的心灵和身体只有一次，即便现在你充满了悲伤与痛苦，别让这些痛苦消失，也别抹杀掉你曾感受到的快乐。”

儿童拒学

送上足够的支持，是要给孩子『多一点跟世界相处』的信心。

敲门声总是会提前五分钟响起。

连同今天，已经是这个月第三次，坐在我对面的厌世大叔似乎开始习惯被打断。敲门声就跟演讲的警示牌一样提醒他：时间还剩五分钟，疗程开始倒数，生命不该一直浪费在数落前妻的罪状上。敲门声产生了某种抽离效果，让他得以从回忆中脱困。因此，他很感谢这个敲门声。

但对于门外的女人而言，与其获得感谢，她更宁愿获得帮助。

在过去的一个半月里，她每天都请了半天假，要认真算年假，早就用光了，主管再怎么睁一只眼闭一只眼，也被逼得跳脚。女人的工作简直不是人干的，身为客服部组长，手机永远都有未接来电，群组永远都有指令，她非常羡慕城铁上的低头族，因为她每天向客户低头的时间远比自己低头滑手机的时间还多。当然偶尔也会出现翘班的念头，但是这次居然动真格地请了一个多月的假，下属以为这是离职前奏，但其实是因为——

她那三岁半的女儿，不想上学。

女人之所以进行了三次会谈，与我的治疗水准无关，而是前两次都无功而返，因为她总是在会谈进行到一半时被公司召回。这次她索性将女儿带来现场，主管只能放行，于是女儿成了船锚，让她得以被固定在会谈室里。

但事实上，她也的确被固定住了，因为女孩紧紧地缠在妈妈的背上。女孩的眼神坚决，足以对抗世界，而我也不想把自己当成与劫机犯斡旋的二流谈判专家，因此，只好把她们视为生命共同体。

此情此景，让我想起了甘耀明的经典奇幻小说《杀鬼》。

小说里头有一章，叫作《爸爸，你要活下来》，主角是一对原住民父女。女儿叫拉娃，年方十岁，她很担心父亲尤敏一旦为日军打仗，就会战死沙场，因此在父亲远赴沙场的当天，用双脚紧扣住父亲的腰，不让他上火车，离开家乡。日军想方设法，都没能让拉娃离开父亲的身体，拉娃的焦虑，成了最强悍的黏着剂。尤敏担忧女儿的安危，于是决定把她的脚缝进自己的肚子里，到最后，两人成了彼此身体的一部分，养分交互供输，一场战争，让血脉相连从形容词变成了动词。

然而，孩子对分离的焦虑，与世局的兴衰荣枯并无关联，即便在太平盛世，学校也不会因此变得比较亲切。三岁半的年纪，临行“密密缝”，根本不足为奇。

我翻开前两次的会谈记录，发现孩子并不是突然变成这种状态，而是因为她正在历经“升班”这件事。

升班，代表的是境物转移与社交动荡，原本调校过的人际参数都会被拉回默认值，就像计算机重装系统这种噩梦一样。因此只要历经一次升班，孩子的阵痛期就会绵延好几周。不幸的是，这次的周期变得特别长。

在这段时间，她的表现一如预期地跳回原厂设定，妈妈一离开视线便哭天抢地，只有妈妈重返视野后，才愿意进行“拓荒”。

与其说妈妈是女儿的护身符，倒不如说她掌握了女儿的某种开关。由于妈妈陪校时间过长，老师无从施力，因而导致妈妈对新班级的老师不信任，最后出现与孩子彼此捆绑的状态。

谈到这里，我拿出白板，打算为“不去上学”这种行为写个分类。此时女孩一看到板沟上的四色白板笔，姿态瞬间松动——这就表示现在是个交易的绝佳时机，而且不需要语言，只用眼神，就能弭平年龄与心智能力的距离。

于是我们互换眼色，她点点头，随即以一种黑市交易的练达，夺走我手中的红笔，松开双脚，站上沙发，转身朝墙壁上的海报疯狂画“叉”。不幸的是，那是一张医院的愿景图，上头每一项愿景都被孩子否决，院长的笑容也在一群红色叉叉之间挣扎，不久之后就被淹没。

回到白板上，“不去上学”（当然也可以替换成不去上班，把学校换成公司，绝对一体适用）大致可区分成三类：“不敢上学”“不想上学”以及“不鸟学校”。

一、“不敢上学”，意指“惧学”（School Phobia），也就是害怕上学。害怕的原因不外乎下列几种：陌生的环境，看起来凶凶的老师，一直被当边缘人，觉得上课听不懂或自身学业表现不佳等。对于年纪小的孩子，大多是因为“分离焦虑”（Separation Anxiety），以面对陌生情境时亲人不在身边，缺乏安全感为主。年纪稍长的孩子，则以后面四项原因为主，有些则会被归类为“恐惧症”

的其中一类，譬如社交恐惧症（Social Phobia）。

二、“不想上学”，意指“拒学”（School Refusal）。相较于单纯“惧学”，它的范围要更广泛一些，除了害怕上学，可能是“对学习没兴趣”，把不想上学视为对学校与父母的“抗议”。也可能是“对经营人际关系感到烦躁或抑郁”“讨厌某些课程或师长”或是“留校时间过长”等。也就是说，除了害怕之外，对于学校或学习展现出“其他情绪”（例如厌恶或难过），导致不愿意踏入校园。

三、“不鸟学校”，意义上比较接近“逃学”（Truancy）。不进校园，但也不想留在家里，因为其他场所比学校或家庭更有吸引力，地点可能是游戏厅、网吧，或是在路边夹一整天的娃娃。原因可能是家庭或课堂冲突、帮派诱惑，或者是想和油嘴滑舌的初二男生遵守一辈子的约定之类的。

一般而言，三岁半的女孩，离“不鸟学校”还有一段时间，因此本案的介入方式，会以“不敢上学”与“不想上学”两类行为为主。针对三岁半的孩子，除了确认分离焦虑的可能性，还有一个潜在因素会增加孩子的拒学行为，那就是妈妈对老师的信任不足。所以在会谈的过程中，我设定了几个重点：

- 判断孩子是属于哪一种类型的“不去上学”。
- 厘清妈妈不信任导师的原因。

- 想办法减少妈妈的陪校时间。

针对第一点，根据老师的说法与过往经验，可确认是面对新环境所造成的分离焦虑，但这个孩子原本就比较害羞，热机时间长，因此预留开机时间并不为过。

但比较令人头痛的，反而是妈妈心中“不认为老师有办法安抚孩子”的假设，因而更坚定了“还是由我来陪孩子吧”这种想法，导致妈妈不敢贸然缩短陪伴时间。然而对孩子来说，这样做，反而形成一种“哭闹就可以让妈妈留在身边”的印象，陪校时间只会愈拉愈长。

因此，我先跟妈妈深谈了关于老师的部分，毕竟她愿意放手，才能与孩子谈条件。

根据过往纪录，孩子的适应期大约是一个月，但看过行事历之后，我提醒妈妈，这次可能是因为适逢两次假期连假，才会导致孩子不断重开机。老师曾向妈妈表示，孩子其实只是适应期比较长，适应能力并没有问题，否则应该连前两个班都挨不过。但由于妈妈的担心，反而占用了让孩子学习面对陌生环境的时段。

所以我请妈妈再给老师一次平反的机会，也就是利用一个半月的时间，重新捏回孩子该有的形状；倘若不行，再延长时间陪校，反正崩溃的是主管。

家长首肯之后，接下来就轮到与孩子“谈条件”了，也就是所谓的行为约定，目的是缩短妈妈的陪校时间。

原本都要陪到午饭时间，大约要花费三小时，因此我们先试着把时间缩短为只陪一个小时，而且约定好这一个小时，孩子“必须跟其他同学互动”，至于短少的两个小时，则改由“提前十分钟接送回家”作为酬赏。如果孩子有喜欢的零嘴，也可以在下课接送时给她，当作酬赏的一部分。

在妈妈离开前半小时，最好能每隔 10 分钟“提早预告”，为的是减少冲击，让亲子双方习惯断舍离。

倘若奏效，第二周则缩短为 40 分钟，第三四周转换成隔日陪伴。等到第五周，就改为只陪周一，每次半小时，以此类推。

这种做法，也可称作“渐进式暴露疗法”（Graded Exposure Therapy），目的是让孩子逐渐习惯妈妈不在的空间。

离场时机也很重要，不一定要说去上班，可以说去上厕所或办事情，忙完就回来，让结语温和一些，重点是趁孩子和其他人玩在一起时离开。这个目的是让孩子觉得“自己也可以和其他人互动，可以靠自己融入团体里”，此时，家长不再是陪伴者，而是人际关系的推手。

如果是六岁以上的学龄儿童拒学，随着智力发展，大场面也见多了，因此会上演各种装死技能，也就是所谓的“身体不舒服”，包括头晕、腿软、全身无力…… 而且还很逼真，但只要一听到可以请假，便立刻自体补血，重返人间。这时，家长该怎么处理？

第一，千万不要轻易动怒，因为我们自己也很讨厌上班，只是不得不去。但关于这一点，孩子现在真的无法体会，不用强求孩子，或是把这类压力转嫁到他们身上，这是老板与社会的问题。他们这时候很需要支持，希望听到的问句不是：“为什么不去上课？”而是：“你怎么了？”相信我，这四个字比什么都有用。

第二，如同先前提到的，家长可借由对话来判断，孩子是属于哪一种类型的“不去上学”，这样做既能辨识孩子的情绪，也能大致推测成因。如果是“不敢上学”，依照先前的经验，小学的孩子大概会害怕几件事：

- 上课听不懂。
- 老师很凶，不讨喜。
- 考不好被骂。这一点可能有源自家长的压力。

- 被同学排挤或霸凌。
- 刚转换班级或学校，跟新同学不熟。

经由分析可以得知，孩子害怕的对象，大多集中在“课业压力”与“人际关系”这两类。如果孩子说不出来，可以提供选项供孩子指认，或请到网上找到“拒学评量表”（School Refusal Assessment Scale，有中文版），替孩子的拒学类型做个分类，顺便评估严重程度。

第三，根据拒学的类型，找出对应方法来减少孩子的恐惧。美国焦虑与抑郁防治协会（Anxiety and Depression Association of America），有几项不错的建议：

- 主动跟孩子讨论他们对上学的感受及恐惧，有助于降低他们的害怕。
- 主动与学校老师讨论孩子的状况，或向辅导老师寻求指引。
- 倘若是年纪较小的孩子，允许他们用缓慢的速度，逐步回到学校上课。这样能让孩子知道，上学其实并没有什么好怕的，也没有什么坏事会发生。
- 强调上学的正向经验，例如可以看到喜欢的同学，下课可以一起玩之类的。

由此可见，家长的“主动”姿态才是关键。但无论是陪伴孩子度过换班适应期、上辅导班、鼓励孩子互动、家长降低成绩标准，还是与班主任或辅导老师沟通，都不是一下子就能改变状况的，尤其是交朋友这件事。

这段时间，请多给孩子支持与陪伴，陪他们聊天，不用担心这样会造成孩子的依赖。送上足够的支持，是要给孩子“多一点跟世界相处”的信心。

在找出原因并试着解决的同时，仍然可以和孩子谈条件，给他们一个缓冲周期：先和导师谈妥，底线设定一个月，一周可离开教室半天，到学校辅导室或图书馆休息，或是允许请假一次。

如果孩子有性格或情绪上的问题，怎么办？

一般而言，比较严重的焦虑或多动症状，可能需要考虑服药缓解症状，而且要让导师了解现况。

至于自闭症或是性格上较为孤僻的孩子，或许可以采取资源班[1]教育或自学方案，这样做的家长并不在少数。由此可见，强迫他们上学并不是一个有效的解法。

1. 资源班，译自 resource room program，中国台湾地区的特殊教育机制。

其实，拒学行为本身不是重点。不去上课并不犯法，只是得不到相对的知识，但要获得知识还有很多途径，并不是单纯地把孩子抓回课堂就够了。这并不是在玩填洞游戏，洞填满了就天下太平，重点是这个行为背后所牵引的问题。

其实装病跟告白一样，都需要一点勇气，能让孩子鼓起勇气说谎，表示这件事有一定的严重性。不去上课，通常事出有因，就算能让他们不上课，问题依旧无法解决，强制上课，更会适得其反，不如先跟他们“谈心事”比较有用。

先“谈心事”，再“谈条件”，如果都谈不拢，至少还能“交给专业”。三个步骤，试试看吧。

下篇

生活的勇气

恐怖情人

第三张照片，
就只有一只脚，
女人的脚，
直接悬在顶楼的围墙外！

“我不记得是哪堂课了，因为前一晚很累，我睡过了。我是被铃声吵醒的，然后手机就收到三张照片。”

“什么照片？”

“第一张是天空，天气很糟，不知道传这张干什么。第二张是宿舍顶楼的围墙。第三张照片，就只有一只脚，女人的脚。”

“一只脚？”

“对，然后我就被那只脚吓到整个人都弹起来了！没骗你，真的是弹起来了，就像不小心按到跳机开关的飞行员一样。”

“因为没刮脚毛吗？”

“刮得很干净好吗，重点是那只脚直接悬在顶楼的围墙外！我们那栋楼有八层，一只脚腾空耶，重心不稳就投胎了，我都不知道她是怎么拍出那张照片的。最后她还传了一行字：‘该往内还是往外跳？你来告诉我。’”

“然后咧？”

“冲回家啊！我超怕人行道盖张白布或画人形白线之类的。我一路冲到顶楼，结果你知道怎样？她居然坐在那墙角喝台啤配盐酥鸡，然后拿啤酒罐跟鸡骨头丢我，一副很好玩的样子。”

我摇摇头：“你也会翻船啊。”

“我哪知道，刚交往的时候根本就不是这样！”

阿杰，我的同窗，体育保送生，主修铁饼。阿杰长得跟一般运动员不太像，白白净净的，沉默的时候有点腼腆，性格温和，头部以上虽然没装什么东西，但头部以下却是标准运动员配备，匀称结实，对大学女生来说，这组合就是两个字：天菜[1]。

阿杰靠着天理难容的头身搭配纵横情场，光在大学就交了 20 个女友，大概就是期中期末考、寒暑假更换一次的频率。原本顺风顺水，没想到入伍前出了一次大车祸，半年不良于行，他认为这是一种报应，于是情海翻波之际急流勇退，就此上岸。他不讳言自己花心，但绝不劈腿，也不主动提分手，只有在这一次破功，对象正是他的第 20 任女友。

于是在盛夏的夜晚，我执业的第三年，我们一边喝着墨西哥餐馆

1. 指极品，极其符合某种标准的人。

的啤酒，一边聊起了他的第20任女友，也是他的倒数第2任女友。

“我大四在夜店当过一阵子公关，算是代班，学长介绍我去的，反正当时毕业学分都修得差不多了，白天的课排开就好。她是酒促妹，大我两岁，身材辣到不行又主动，每天凌晨四点半收工后，我们一群人都会去复兴南路吃清粥小菜，她常找我抱怨酒客的事，我也会帮她处理，加上我喜欢好身材的女孩，没多久我们就在一起了。

“她算是我交过的女生里面最贴心的。照三餐发短信，排休的时候，早餐、宵夜都准时送来，还一口一口喂，衣服也帮我送去洗，完全以我为人生重心。最扯的是情人节那晚，她居然穿着兔女郎装从纸箱里面跳出来，跟美国电影一样。护士服就算了，谁会去买兔女郎装啊？”

我想象着另一半穿兔女郎装的样子，然后打了个冷战。

“大概过了一个多月吧，有天半夜我听到她在哭，声音忽大忽小的，问她原因也不讲，只是指着手机屏幕，原来是我前女友的照片，但那是一群人的合照而已。凌晨三点多，太累了，我随口安抚她几句就继续睡，结果隔天醒来，手机就不见了。

“一直到我撒尿时才跟手机重逢，但它已经淹死在马桶里。我头皮都麻了，一整组贵宾的通讯录都存在里面，如果弄丢了，我一定被主管骂死。报修就花了快一万块，都可以买两部新机了。结果晚上见面时，她竟然装没事，不断跟我撒娇道歉，还买了一部新机给我，我那时候就觉得不太对劲。

“原本期中考后就想谈分手，反正算算时间也差不多，加上手机那件事让我有点在意，于是我连两天不回信息，下班直接回家。第三天她就找上门了。

“她第一句话就问我是不是要分手，我话都没回她就哭了。我知道她几乎把所有家当都投在我身上，也知道她一个人离乡背井很孤单。她家单亲，还要寄钱回宜兰给她妈妈。但她的情绪转变实在太快，我根本接不住啊。她哭着讲完一串委屈之后，直接从包包里抽出一把刀往手腕上划了三下。不是吓我，她玩真的，血不断流到地板时，我根本蒙了，简直跟水龙头漏水一样，后来我才发现她手上有很多刀疤，但都用文身遮住了。

“坐上救护车的时候，我突然觉得很内疚。严格来说，她只是很认真地投入这段感情，根本没做错什么事，然后就躺在救护车上了，于是我决定把分手这件事吞回去。但我错了，我不该心软的。”

“怎么说？”

“因为这样反而更让她疑神疑鬼，动不动就说我要抛弃她，然后我的衣服就会被乱剪。怀疑，威胁，自杀，谈和，补偿，然后再怀疑，不断循环是会让人崩溃的，不只是因为她搞自杀，而是那种反复无常的感觉，我永远都在担心她的下一出戏。有一次她过马路时突然不爽，结果就不走了，直接躺在斑马线上，然后时间剩下三秒。我只好一边背着她，一边冲到对街，但我听得很清楚，她一直在偷笑，我当下就决定要离开她，那是我们交往的第四个月。

“于是我偷偷退租宿舍，传完分手信之后就把手机号码整组换掉，工作也辞掉。没想到她居然搞到我的新号码，我猜她应该是一直缠着夜店主管。从那之后，她就只专心做一件事。”

“什么事？”

“拍跳楼照给我看。宿舍那次是她第一次玩，看我冲回去找她之后就玩上瘾了，从我们系教学顶楼、体育馆顶楼，接着一路扩散到大台北地区，我三天两头就收到照片。有一次在西门町跳还闹上新闻，搞得整个城市都是她的舞台，她根本就是用跳楼照在打卡。你说这个女人到底有什么问题？”

边缘型人格，答案昭然若揭。

正确来说，应该是“边缘型人格障碍”（Borderline Personality Disorder，简称 BPD）。在这里，我们先把这个词拆成“边缘”与“人格障碍”两部分。

这里的“边缘”，指的并不是边缘人那种“人际”上的边缘，而是患者处于“精神官能症”与“精神病”这两者症状的边缘。他可能出现像精神官能症般的情绪困扰，在不同的情绪状态间轮转，譬如容易感到抑郁或紧张；他知道自己有些问题，也知道造成很多困扰，却又容易丧失理智，冲动行事，甚至出现像精神病般的妄想症状（觉得别人在自己背后搞鬼，认定自己要被抛弃）。但是他们看起来很正常，认知功能都蛮好的，社会适应能力似乎也还不错，完全不边缘，因此交往之初无法觉察，只有当他开始与对方深入建立关系后，这种特质才会显现。

一般而言，无论是精神病还是精神官能症，大抵上是因为神经化学异常、基因遗传、大脑或体质脆弱等原因，接着与外界压力相互影响后，进而产生了“症状”。这样的症状通常经过服药都能改善，毕竟药物是直接对大脑进行设定。

但是，“人格障碍”不同，他们可能没有上述的问题，既不是大脑神经化学出问题，也不是基因遗传，而是人格特质造成了一些困扰，因此很难对症下药，因为没有药物能改变一个人的人格。

关于“人格”的定义，简单来说，它就像一个独特的模块，包含了行为与思考模式。即便面对不同时空或情境，同一个模块会输出一致的反应数据，这代表人格的发展是很稳定的，因此才会出现“本性难移”这种形容词。它是“先天气质”加上“后天生活环境”揉捏出来的综合体，天生就长在身体里面，随时带着走。

当然，每个人或多或少都有些独特的人格特质，有的讨喜，有的不讨喜，然而，一旦某些不太讨喜的特质引起社交上的障碍，或损害了职业功能，可能就会被定义成“人格障碍”。由此可见，人格属性是从小养成的习性与反应模式，一旦出包，绝对不是调整大脑设定就能打发掉的。

“人格障碍”分成A、B、C三大类群。“边缘型”隶属于B类群。这一群都不是吃素的，战力跟自杀突击队一样猛，他们大多和情绪化与冲动控制能力不佳有关。其他的狠咖还包括“反社会型”（Antisocial Personality Disorder）、“表演型”（Histrionic Personality Disorder）以及“自恋型”人格（Narcissistic Personality Disorder）。

再回到“边缘型人格”，他们通常会出现几项特质：

第一，不稳定的自我认同。常常会觉得“不知道自己是什么样的人”，不太确定自己要什么，因此会去努力“讨好”自己喜欢的人。也因为如此，他们很害怕被抛弃，对于任何蛛丝马迹都会十分敏感。

第二，爱憎分明的玻璃心。他们对一段关系往往有不切实际的美好想象，预设滴水不漏的期望值，因此只要对方的表现有点落差，或关系发展不如预期时，态度就会立刻翻盘。但又因害怕被抛弃，于是迅速放下身段认错，继续讨好对方。他们的爱恨中间值只有一条线，然后没事就在那条线的左右两边跳来跳去，以此为乐。

第三，手段剧烈。因为脑充血特质使然，常常会让他们忘记要沙盘推演，进而做出许多逾矩的失控行径，譬如自伤或损毁他人财物。但其实大都是为了“表达需求”或是“企图挽回”，希望得到对方的关注，并不一定是穷凶极恶的意图。

“那你后来到底怎么活下来的？”

“不理她，结果过了三个月她就人间蒸发了。这两年听说她跑去当牙医助理。”

“不怕她真的自杀吗？”

“一开始超怕，怕到去看精神科吃抗焦虑药，这种事只怕万一。但后来就不怕了，因为我知道她其实不敢死，她太需要被爱了，真的只有不理她，不跟着起舞，直到她找到下一个宿主，你才能交棒。如果遇到这样的苦主，你一定要这样跟他说。”

我点点头。

“我也是活该，经过这一次，只要到比较高的地方拍照，我都有心理阴影，都会想起那只脚。入伍前的某一天，我骑车骑到一半以为看见她，结果一急着回转，没注意对向来车，就被撞飞了。躺在病床上时，我想起前面的19个女友，有几个真的是天使，我以前就是太随便了，交往时完全没打算好好认识对方，只顾着玩，根本不想负责，结果就现世报。一旦色魔上身、精虫上脑，没做好身家调查，下场就是这样。”阿杰朝我举杯，眼神却有些黯淡。

但在我看来，这其实不算一件坏事。

阿杰目前在金融业服务，因为不敢在台北看牙医，因而迁居台中，毕业后未再交女友。三年前娶妻生女，太太是幼儿园老师，经过我的认证，她没有边缘型人格。

然而，在与阿杰对谈六年后，我接到了一位边缘型人格患者的治疗转介，她之前做过夜店酒促，现在是个牙医助理。

我之所以想起阿杰，全是因为被她唤醒了记忆，至于下半场，就留给下一个故事吧。

即便是边缘型人格，也只是渴望被爱

她永远都在以身体、金钱与割腕，
留住一段关系。

葳葳的爸爸是个台商，在她出生前就到广东经营鞋厂，专做鞋楦。提早卡位让他占尽地利之便，钞票一袋袋扛回台湾，但人却没跟着钞票回来，即便妻子临盆，他都留在工厂赶工。

自葳葳有记忆以来，一年只会见到爸爸一次，跟扫墓一样。妈妈因为产后抑郁，决定不再生第二个孩子，而这个决定让她成了毫无地位的长媳。

在她七岁那年，爸妈离婚了，因为爸爸包二奶，小三的孩子甚至比葳葳还大一岁。

离婚之前，妈妈每隔一段时间就会去住精神病房，通常都是因为跟爸爸通完电话就跑去浴室割腕，因此葳葳对浴室地板的血迹，以及急诊室的味道并不陌生。妈妈住院期间，葳葳都暂时交给祖母照料，祖母很少对她有好脸色。

在拿到一大笔赡养费和一栋独立式住宅，确定这辈子不愁吃穿之后，妈妈在一楼开起了工作室，把葳葳接回家；后来葳葳才发现，跟祖母住其实是一件非常美好的事。

葳葳她妈有个很时尚的职业：婚纱裁缝。她 20 岁出头跟着表姐来台北学艺，先在福华饭店地下街当助理，眼疾手快，不到三年就出徒，接着爱上了伶牙俐齿的女鞋业务员，也就是葳葳她爸。

拜妈妈所赐，葳葳从小就懂得打扮，也是他们班第一个穿流苏裙的女生。“男生第一眼看到的就是你的脸，第二眼之后，也还是脸。”这几乎是妈妈留给她的唯一家训。

她留给葳葳漂亮的衣服，留给她超额的零用钱，留给她一大堆日本时装杂志，就是没留给她什么时间。

她一直没办法好好跟妈妈说上话。

妈妈恢复工作之后，没有再住过院，只会定期到医院拿药吃。她熬夜赶工的时候，心情通常都不会太好，葳葳只要多烦她几句就会被打脸，不是吐槽那种，是真的被扇耳光，然后隔天早上就会收到一些零用钱和一个短暂的拥抱。她拿着那些钱，努力忘记被打的感觉，在班上圈起了自己的小团体。葳葳的脾气不是很好，这也算是妈妈留给她的东西，由于游戏规则都在她手中，而那些规则没什么章法，因此团体成员淘汰更换得很随意。但大家不在意，因为她长得很像公主，在公主病还没有被开发的年代，那是一种特权。

小四那年，妈妈再婚了，对象是个拉链供货商，叔叔还算温和，但他的孩子们就不太好搞了。叔叔的公寓比她们的房子小很多，葳葳搬进去之后，她的继兄妹被迫挤进同一间房，这是个糟糕的开头。加上她的功课一直都不好，打开课本就想睡，每科几乎都是红字，成绩单上的分数变成餐桌上的甜点，负责在餐后取悦那两兄妹，就连妈妈都不站在她这边，斥责亲生女儿似乎成为她建立继母威信的快捷方式。即使长得再漂亮，葳葳终究是个漂亮的拖油瓶、光鲜的局外人。

这种时候，她会躺在床上偷哭，但想一想其实也没什么好哭的。她好像没有什么值得想念的对象，也没有谁特别在意她，连朋友都是买来的，眼泪根本没用，谁也不会心疼。于是她想起妈妈当时割腕的样子，或许妈妈根本不想死，只是想让电话那头的爸爸紧张一下。

初二那年，是时候让妈妈紧张一下了——因为再也不想寄人篱下，于是她开始割腕自残。妈妈只好带她搬回她们的房子，两人从母女升华成室友，过着用关门声回应彼此的日子。过了两年，葳葳考上护专后，决定住校，从此脱离妈妈。

专三那年暑假，葳葳第一次堕胎，对象是她学姐的男友。在五专毕业之前，她一共拿过四次孩子，每次都以为这样可以留住男人，一直到很久之后她才明白，肚子里的孩子跟电话彼端的男人，她只能选一个。

勉强毕业后，葳葳自知考不上护理师，加上喜欢喝酒，最后在快炒店老板的怂恿下，穿上酒促制服，当时她的双手已经集满20多条刀疤，只能各刺一条凤凰遮住伤痕。

葳葳把赚来的钱全都花在男人身上，她想找一个真正在意她的人。以前只有身体，现在口袋有钱，手上至少多出一枚筹码，但明眼人都晓得，接下来绝对不是一加一等于二的过程。

她第一次被送进精神病房是在 23 岁那年，比妈妈还早。那时她怀孕 7 周却发现男友劈腿，男友基本上是靠她养的，因此她这次除了割腕还吞下了 30 颗安眠药。在葳葳的生命中，永远都在以身体、金钱与割腕这样的顺序留住一段关系，但她不知道，她争取到的只是一张短期的延命许可。

25 岁那年，妈妈又离婚了，她关掉工作室搬回故乡，低头央求葳葳支应一些生活开销。于是葳葳“回锅”当酒促，从快炒店转战夜店，认识了一个有运动员背景、性格温和的公关。

她一向不问对方的来历，宁愿先拿下也不错放，一旦让她感觉到自己被认定，她就会穷尽一切所能讨好对方。直到那晚她看到他前女友的照片，突然感到一阵眩晕，感觉又被拉回到了精神病房与劈腿男友的身边，在经过脑补之后，她最害怕的剧情，变成了不存在的事实。于是她决定惩罚对方，但尺度永远都拿捏不好，做不到欲擒故纵，只能尝试弥补。

这种反复无常的态度，在交往前会是迷人的诡计，交往后就变成恼人的日常，到最后还是只能走回头路，割腕。于是我们都知道，运动男会因此心软，一阵子后就受不了了，接着开始躲她，最后就跟多数男人的下场一样，过着隐姓埋名的余生。

其实葳葳最大的困扰，在于她好像只能相信对方一次，额度用完就没了，剩下的反复无常其实没有任何修补功能，纯粹只是她没勇气亲手结束一段关系。

后来葳葳的肝脏出了一点问题，于是在学姐的引荐下当上牙医助理。这几年，她总算过上了堪称正常的日子，陆续把牙医助理的继续教育学分修完，交了几个男友，但没再为谁怀孕或割腕。这一方面是妈妈开始住进疗养院，有时得返乡照顾；一方面是因为没那么多钱可以投在男人身上。

直到前年年底，葳葳玩手游时认识了一个香港男人。港仔住在旺角，普通话讲得非常破，两人聊的都是闯关秘技与外挂角色，偶尔传传香艳的照片，对话没什么深度，也没碰触到彼此的灵魂深处，但没想到几个月后，男人居然求婚了！于是她慌了，不知道该不该认真看待这件事。

因为她这辈子最希望的，就是被求婚。

港仔是在桃园机场求婚的，他事先跟牙科姐妹串通好，求婚影片现在还留在葳葳的手机里。

简单公证后，港仔就回香港了，两人没有宴客，为了工作，约定好婚后第一年先分居两地。两个月后，葳葳发现港仔跟女同事去夜店竟然没事先报备，而且还不止一次。以往对男友都直接开铡了，更何况是丈夫。于是接下来一个半月，港仔每晚都受到她的疲劳轰炸，未接来电和信息满到手机出现变重的错觉，任何辩解都是徒劳，因此索性关机。那时他还没意识到这是个严重的错误，毕竟没有学长告诉他该怎么做。这一关，启动了葳葳的引擎，她单枪匹马地冲出岛，杀到旺角，当晚就割腕。

距前次割腕已相隔五年，最新的这道疤则留在凤凰的腹侧。

隔晚就是圣诞夜，饱受惊吓的港仔决定离婚，这是葳葳收过最意志坚决的圣诞礼物。这次她比较冷静，默默收拾行李，毕竟人在江湖漂，哪有不挨刀，几年闯荡也多了长进。

拖着行李回到机场后，姐妹们全都站出来相挺，一口咬定港仔劈腿。但她很清楚，真相已经不太重要，全都是冲动误事，只因为她想在30岁之前把自己嫁掉。

香港办离婚十分麻烦，得等到一年之后，台湾办离婚就比较人性，但有了之前血溅五步的经验，港仔认为只有头壳坏掉才会飞过来，于是这段关系就被卡在八百公里之间，动弹不得。

葳葳一直以为自己可以很潇洒，但其实她非常心痛，痛到像被掐住脖子。这次她彻底意识到自己的“失败”，即便被婚约绑住，对方还是会溜走，每个人都会从她手中溜走。她常笑说自己是个差劲的捕手，因为她只会在同一个位置接球，接不到就怪投手。但在我看来，根本是她乱给暗号，才让投手无所适从。

因此，她之所以坐在我面前，并不是因为边缘型人格，而是“恐慌症状”。每次一看到跟“未来的前夫”有关的信息，她就会胸闷、头晕加呼吸困难，就像当年看到运动男的前女友照片，这些画面都在提醒她，“你又要被抛弃了”。

当然我们都知道，她的困扰绝对不只恐慌症状，她处理情绪的方式才是问题的根源。

面对边缘型人格患者，目前最通行的治疗方式叫作“辩证行为疗法”（Dialectical Behavior Therapy，简称 DBT），是由华盛顿大学心理学教授林内翰博士（Marsha M.Linehan）于 1991 年提出的，主要是针对自杀行为。

我知道，光是“辩证”（Dialectics）这两个字听起来就很令人头痛。一般而言，辩证法指的是“以语言为基础，从相对的立场去说服对方，接受自己的论点”。然而在辩证行为疗法中，辩证指的是“在极端的状态中寻求整合”，毕竟现实世界随时在变动，变动则源自相对的力量彼此拉扯，这和人心的状态一样，因此辩证的目的在于“达成平衡”。我们不会一味地要求案主改变，但也并非全然接纳他的症状，而是在“改变”与“接纳”之间形成一股协调的力量。

也就是说，该宣泄情绪的时候，我们接纳；该改变行为的时候，我们一起讨论解法，将爱恨之间的那条线，慢慢拉出宽幅与弹性。

起手式一样是从对谈开展，但对谈的目的是让案主理解两件事：“自己的行为是否能解决困境”以及“这种行为是否需要改变”。在案主说故事的同时，加入医疗观点的碰撞，逐步澄清不太合宜的想法，让案主从相对的角度来看自己的状态，再决定哪些行为可以接纳，哪些则需要改变。

上一篇《恐怖情人》中提到，性格是很难改变的，因此面对边缘型人格，我们最能松动的，还是他们“处理情绪的方法”。

以葳葳为例，她的疗程会有以下几道工序：

1. 倾听

一定要先“详细听她说完整段故事，并反复澄清细节”，这样做能让她感受到自己的历史被人尊重。也因为如此，治疗者才得以理解她处理情绪的方式，其实深受人格养成影响，而非单纯的恐慌发作。

2. 觉察情绪

由于葳葳的主诉是恐慌症状，首先要教她“辨识情绪的种类”。

就这次事件而言，除了“害怕”之外，还多了“愤怒”，也就是说，对失去关系感到害怕，对对方弃守感到愤怒，最后以生理症状表现出来。觉察情绪最大的好处，在于让葳葳知道：“自己的情绪怎么来的？”做到这件事，才能让她明白：“自己究竟发生了什么事？”

3. 接纳自己的情绪

严格来说，这个做法应该要散布在治疗的各个角落。我想让葳葳知道，有这样的情绪很正常，毕竟一旦交换人生，我也会很害怕被抛弃，很不甘心对方离开，只能用激烈的手段引起注意。让她知道："有这样的情绪没关系，情绪本身没有对错，它也是一种身体的反应。怎么处理才是重点。"

4. 思辨

接着进入重心，我会带着葳葳仔细回想过往的事件，当情绪跑出来之后，根据以往的做法与行为，进行反思，也就是："试图自杀或自残，对现状究竟有没有帮助？有没有成功挽回过一段关系？"问答一旦成立，就能让她看到"自杀可以宣泄情绪，但并没有达成最后的目的"，而这个结论往往是改变其行为的契机。

5. 找出对应的方法

根据不同的情绪，对应不同的做法。由于葳葳性子比较急，为了缓解恐慌症状，呼吸练习会比冥想更有成效。要是"生气"，就把想法写在"情绪觉察作业表"上，仔细地写出原因，当成回家作业，除了练习觉察，也能转移注意力。若是"难过"，就直接找姐妹们诉苦，也可以随时写信告知我。以上这些做法，都是为了提升她的"危机处理能力"，以及"管控冲动行为"。三个月后，我们拿这些做法来跟割腕相比，列出情绪强度的变化，除了让数字说话，也让葳葳了解"自残的当下很过瘾，但效果最不理想"。

治疗踏入第六个月，在我的建议下，葳葳顺利完成了离婚手续。至于那张可怜的“情绪觉察作业表”则时常被她分尸又拼装回去，有时还会附上一串令人叹为观止的国骂。虽然情绪控制依旧不太稳定，但至少她愿意正视自己的情绪。我们也约定好这一年内不再自残，即便毁约的可能性很高，但除了自残之外，能够起步尝试其他的方法，对她而言已经是巨大的进步，在这时候，我就是她的捕手。

第一次会谈告一段落后，我突然想起一件重要的事，随口问她：“你在夜店认识的那个男生，是练铁饼的吗？”

“噗！”她以一种蔑视的眼神投向我，“铁饼是阿伯在练的吧。他是丢标枪的啦，我还去他们学校看过几次，丢起来超威的。铁饼不能比啦，车轮饼都比它有用。”

“那你妈妈的老家在宜兰吗？”

“不是，她住台中。”

“那我就放心了。”差一点就说出口了。阿杰如果在场，这种要命的巧合应该会让他吓到吃手。

“不过这段治疗结束后，我应该会回台中工作，因为我老板在台中开店，刚好也可以照顾我妈。你刚才这样一提，我突然有点想念那位夜店帅哥了，那种型的很不错，希望台中也有，我等不及要去台中了。”

我当下心里想的是，该怎么样在下次治疗时不动声色地告诉她，如果某一天在诊所遇到了长相帅气、性格温和，又有运动员背景的人夫去洗牙时，千万不要出手。

人世间所有的相遇，都是久别重逢。

唉。

自杀突击队（上）

很多自杀的人，不是因为『想死』，而是『不知道该怎么活』。

“你想死吗？”

扣除夫妻间的甜蜜对喷，上一次听到这个问句，应该是11年前的某个下午——问候我的是一位新训班长，原因是我丢完手榴弹之后忘记趴下。这代表我已经死了，而且还抄袭了前面三位同人的死法，比起军人，我们更像自杀炸弹客。在炙热的下午，面对一群前仆后继自杀的新兵，班长应该比任何人都还想死。

11年后，年初六的下午，我正在急性病房进行团体治疗时，又再被问候了一次。

过年后的病房一如既往清静，原因很简单，因为过年前进行了一次床位清仓。清仓的理由也很简单，一来是多数病友都想返家过年，二来是舒缓照护人力，因此只要状况许可，主治医生大都会让病友在除夕前出院。换句话说，被留下来的都是“一时之选”。

但我忽略了这件事。由于倦怠，我一心挂念三点半咖啡买一送一的限时优惠，于是打算带个简单的放松训练交差，反正病人不多，团体治疗通常会提前结束，多出来的时间正好够我买杯咖啡，度过一个慵懒的下午……

我们都知道，会把想象写在前头，就表示现实发展与慵懒的下午无关。在接下来这段胡乱展开的剧情中，我被迫招募了一支“自杀突击队”，每个人都在拉开我和那杯咖啡的距离。但幸运的是，我最后还是喝到了那杯咖啡。

团体时间已经超过五分钟，病人们意兴阑珊地走进团体治疗室。我把“渐进式肌肉放松训练”（Progressive Muscle Relaxation）的八个步骤依序写在白板上，并搭配简易的示意图。在我的板书生涯中，能够写得如此顺手的时刻实在屈指可数，于是我喜滋滋地提笔落款——然后证明这件事一点意义也没有，因为这幅图文并茂的神作，10 分钟后就会被大家遗忘。

成员一共五人，三男两女同坐一排：最右边是个小哥；再来是中年男子；戴毛帽的老伯坐在主位，神情肃穆，如果这是婚礼现场，他看起来就像准备一枪干掉新郎的岳父；倒数第二位是个熟女；最左边则是位大婶。

我仔细打量眼前这套阵容，迅速分析战力，最后确认不出 30 分钟就能迅速埋单，而且我连流程都想好了。先说明团体治疗规则，再请成员自我介绍，然后询问大家："平常都做什么运动呢？"接着串联彼此的运动经验与放松技巧，最后进行肌肉放松训练，完美收官，咖啡到手，开心！

就在我暗自欢喜的同时，咖啡杯上的热气似乎飘出了想象框，于是我伸手把热气驱散，然后发现自己很难向病人解释这样的举动。

五个人当中有两张新面孔，应该都是春节期间入院的，一位是小哥，一位是老伯。简单的自我介绍后，我便指向那位瘦弱的小哥。小哥一头中长发，面容和善，若扎个马尾看起来就像日本摄影师，是里头比较有书卷味的，适合请来开场。

"邀请最有沟通能力的成员发言"，是团体治疗热场的重要原则。

"嗯……大家好，不好意思，我没念什么书，也不太会讲话。"小哥站起来，有点害羞地用这句话打我脸，"我之前是做宅配的，这是我第一次住这种病房，还是有点不习惯，不过护理师都对我很好，建议我少喝咖啡，所以这几天吃了药比较好睡。”

“原来如此，那你平常喜欢做什么运动？”不行！简直莫名其妙，就算赶进度也不能问得这么猴急，还是照规矩来好了。

“你愿意分享一下住院的原因吗？”

“我……我自杀，就在除夕夜。”

“哎，自杀？我也是，我也是！”熟女突然举手，就像秃鹰看到兔子一样兴奋，“你怎么弄的？”

“割腕。”小哥还没讲完，熟女突然一个箭步冲上去抓他的手腕，然后翻了白眼，表情就像买到坏掉的鱼，“根本都还没拆线，看你这样应该是第一次，很痛喔，做久了就会习惯，看我这里30多条。”她一边展示自己的手腕，一边走回座位。

熟女所言不假，她手上的整排刀疤简直跟温度计刻度一样错落有致。

她回座后并没有放弃跟宅配男抬杠的机会，还教他一些护理技巧，包括洗澡时手要怎么举，伤口才不会碰到水之类的。中年男子则像在挑水果一样地擅自观察宅配男的伤口，然后开始偷笑。这一笑让大婶带着广东腔加入对话，要中年男子放开他的手，说这样很没爱心，于是两人开始互喷。唯一不动如山的只有老伯，他依旧想对新郎开枪。

于是我发现，要把“平常都做什么运动呢？”这句话插进团体的机会，已经愈来愈渺茫了。

“为什么自杀呢？”

这原本是我的台词，咖啡已经完全脱离我的想象框，放松训练图也被我翻到白板的另一面，但出声的却是老伯。

“是啊，你介意跟大家说说原因吗？”我及时回神，把目光投向宅配男。

“不介意，但这真的是有点丢脸，希望大家不要笑我。”宅配男把头发拨向耳后，“我没什么一技之长，退伍后就到物流公司当司机，一做十几年。我弟弟、妹妹比较争气，一个被外派到加拿大，一个在大陆，他们都有自己的家庭，所以妈妈就交给我养。但是没关系，我收入很稳定，而且妈妈对我最好，养她是应该的。

“一年多前，我在上班途中为了躲一只猫，不小心自摔撞到头，后来开车就时常恍神，开到一半脑子会突然空白，结果被投诉了好几次。之后公司叫我去体检，没想到居然是癫痫，那时候脑子真的一片空白。我不知道该怎么养妈妈，因为法律规定癫痫患者不能驾车，公司认定这又不是职灾，只愿意让我转内勤，薪水还会少快一半，于是我犹豫了很久。公司看我一直没响应，就把内勤的缺补上了。我想说算了，反正我计算机很烂，工作再找就好。

“可是癫痫真的很倒霉，我从来没有大发作过，也都有按时服药，只是会偶尔恍神，但居然什么工作都找不到！更倒霉的是，我不算那种难治型的‘顽性癫痫’，所以不能申请身障证明。我知道很多癫痫患者其实都有驾照，因为他们考驾照时不会主动告知，医生也说我情况还算稳定，可以开证明帮我。但我不想害人，这种事只要出错一次就是一条命，我爸就是车祸过世的。所以每次面试，我都会主动告知病情，然后下场就是被狂打枪，我不晓得中弹几百次了，然后就开始自暴自弃。

“前几个月，我当上小区保安，那是在病友群组里靠关系找到的。本以为终于可以安稳地工作了，每天骑自行车上班也很自在，结果三个月后，住户抱怨说我都不打招呼，我真的没注意到啊！主管本来要帮我求情，说我有在吃抗癫痫药，结果业主委员会一听更火大，说不把我开除就要和公司解约，连让我做到过年后都不愿意。

“除夕那晚，我跟妈妈一起吃火锅，我什么话都没讲，因为电视里的笑声听起来很讨厌。后来弟弟、妹妹打来电话拜年，妈妈还说家里的状况都还好，我的工作也很稳定，但他们根本不知道我有癫痫。我听不下去，躲进房间一边喝酒，一边哭，突然觉得人生很不公平，我才30多岁，却是个没有未来的人，干脆死一死算了，于是就趁妈妈讲电话时割腕了。自杀已经够丢脸了，更丢脸的是，我还哭着找妈妈求救。”

“有人觉得这是个很丢脸的故事吗？”

我看着其他成员，老伯和熟女摇摇头，大婶则托腮看着窗外。

这段发言就像个旋涡，把站在边缘的人，统统卷进了某种集体回忆里。

“没啦，哪会丢脸，那是你做人太憨直。不过少年仔，”中年男子喷出地道的闽南语，然后指着他那道长长的伤口，“拜托一下，这样割根本不会死啊，哪有割腕割直的啦，笑死人，还跟血管平行，看起来就像被猫抓的。你这样真的很外行。”

不只其他成员，连宅配男本人也忍不住苦笑。

“那我们能不能邀请这位成员，跟大家分享他的内行经验呢？”我看着中年男子说，团员们纷纷鼓掌。

“老师你别开玩笑啦，割手我没兴趣，我之前是跳楼，然后就一辈子长短脚了。”中年男子站起来，拍拍自己的小腿，用声音表现这项缺陷，“我以前是木工，在桃园开家具工厂，我那家名声还算不错，料也很实在，质量一流的。别看我现在笑头笑面，以前员工们都叫我什么鬼见愁。”

愁个头！鬼剃头还差不多，根本就紧张得要命，眨眼次数超标，呼吸一点也不顺畅。护理记录写着他入院后疑似急遽掉发，应该是焦虑特质作祟。这家伙的言行虽然浮夸，但性格还算讨喜，适合当团体气氛催化者，我决定冷场时就把球丢给他。

“这几年喔，家具市场价钱压得有够离谱，家具行也只会砍价，政府也没用。

“胡扯！”坐他隔壁的老伯又开口了。老伯年约七旬，头戴毛帽，脖子上围着围巾，面色苍白。他两天前才从感染科病房转过来，病因是肺炎。

鬼剃头看了老伯的围巾一眼：“免惊啦，我对政治没兴趣，谁能让我赚钱，我就投谁，让我赔钱的政府就是我的敌人。原本想要给政府一个机会，结果这两年还真的赔到只剩内裤，师傅一个一个离开，工厂只好收起来，机器还被外劳仔扛走，最后整批原木桌椅卖给家具行，三折！顺便被他们的业务尻洗（挖苦），说当初如果接受砍价，今天早就跷脚数钱了。说到丢脸，我 50 多岁还被年轻人这样尻洗，不是更丢脸？

“那些成品都是我的心血，跟我的孩子一样，不过现在人的屁股分不出质量，我最后只好贱卖那些孩子。那天业务员一走，我一个人慢慢走到顶楼，根本没听到太太在下面喊我，结果一往下跳我就清醒了。不是讲笑喔，那速度真的有够快，水泥地直接往我脸上冲。好在我命大，掉到隔壁的遮雨棚，骨盆错位，所以变成长短脚。现在要是从五楼往外看就软脚。”

“我明白，我的店也被收了，但我不敢跳楼，很痛耶。”大婶隔空对鬼剃头说道。

“跳楼算是比较坚决的做法，没什么挽留的余地，我相信业务员那段话一定让你很痛苦。在这里我们先谢谢这位鬼剃头，啊不是，鬼见愁分享这么痛苦的内行经验，请大家给他一点鼓励。”

宅配男拍拍他的背，众人鼓掌致意。

“啧，你跳楼算啥事啊？老子跳河！”围巾老伯看起来被鬼剃头激起了斗志，等一下应该会比来比去吧。

既然大家都陆续分享这件事，我决定调整团体治疗的主轴。

“看来，大家似乎都有自杀经验，不如我们来聊聊这一块吧。”

“老师不要啦，这样不好！如果大家都有自杀经验，这样聊一聊，万一谁出院后跑去自杀，该怎么办？”鬼剃头比出跳楼的动作。

“如果明天就能出院，你会想死吗？”

“别闹了，我抽烟都来不及，拜托让我抽一下。”

根据资料，鬼剃头两周前被强制入院，原因是喝酒闹事。依照病房规定，强制的案主在住院期间不得请假外出，于是他被烟瘾搞得生不如死。

“不过我们才刚聊完你的自杀经验，如果能够出院，你看起来不会去自杀啊。”

“这样讲是没错啦，可是……”

“确实，一般人都认为跟病人谈自杀，对方就会去自杀。”我的语气转为正经，继续说道，“但仔细想想，这个逻辑根本不通。

“一般而言，人会选择自杀，一定是这个选项产生了某种‘吸引力’。但是谈自杀不是开直销大会，我们不会怂恿各位去做这件事，也不做多余的批判，而是纯粹把它当成一个中性的行为来讨论，自然不会有任何吸引力。

“我们之所以谈自杀，主要是想了解事发的原因、各位当时的心态，以及自杀带来的后续影响。最后邀请大家客观地想一件事，那就是：采取自杀行为之后，你们得到想要的东西了吗？

“比起谈论自杀，道德劝说反倒更容易出现反效果。一心想自杀的人，不会因为这些劝说而改变心意，这些话只会让他们觉得自己不被理解。不想自杀的人，根本不需要听这些警世箴言。因此，我希望能和各位一起好好面对这件事。如果可以，请各位先闭上眼睛，不要受其他人影响，愿意分享或愿意听别人聊的请举手，不想听或觉得难为情的，可以直接离席没关系。”

五个人都举起手。

“好，感谢大家的参与。在座有自杀经验的，麻烦举个手好吗？”

宅配男与鬼剃头率先举手，接下来是熟女。围巾老伯调整了围巾松紧度之后，缓缓举手。最后那位广东腔大婶则显得有些迟疑，但我知道她的病史，她看了我一眼，露出一种偷藏违禁品被逮到的表情，认命地举起手。

“我们这团是自杀突击队啊。”熟女一下子多出四个盟友，开心到爆炸，“老师老师，那我当黑寡妇好不好？”

根本就一整个走错棚了啊！但她完全不在意。她轻扯着围巾老伯的围巾，上半身整个挨过去，对他说：“你来当美国队长。”

“什么美国队长，别乱讲！”围巾老伯正襟危坐后冷回一句。

没想到一把年纪居然还知道这是“复仇者联盟”的角色，根本和自杀突击队无关，于是我用眼神送出掌声，然后听到他说：“我可是中华队长。”

“除了割腕、跳楼，”我依序将这些方法写在白板上，接着指向“黑寡妇”，“请问你的经验是？”

“我之前都割腕，只有这次吞安眠药，吞了60多片。”

“我烧炭。”大婶接着说。

“我刚说了，跳河。”围巾老伯说道。

“好，因为这件事，身体产生后遗症的请举手。”

黑寡妇率先举手：“老师，插洗胃管的时候，被插到流鼻血算吗？洗胃超不舒服的，而且买一堆安眠药很伤身，我之后再也不吞药了。”

“嗯，虽然这不算后遗症，但算是一次成功的心理阴影。”

除了宅配男和黑寡妇，其他三位成员全都举了手。鬼剃头是骨盆移位。

此时，围巾老伯边咳边说道：“我的肺炎还没痊愈，都是这次跳河害的。”

“那么，跳河让你得到想要的东西了吗？”

“想要的东西？说实话，我根本没想到自己要什么东西，就是一时冲动。”

“会后悔吗？”

“这样说吧，要承认后悔，我说不出口。但我不想死鸭子嘴硬，毕竟跳河这件事不划算。不单是因为我得了肺炎，更重要的是，对我和孩子的关系一点帮助也没有。”

“怎么说呢？”

围巾老伯露出左手前臂的文身：“我在部队干了40多年，士官长退休，去年加入台湾反年改团体。”

“你们有去世大抗议喔。”鬼剃头的表情十分欠揍，嘴角不停抽动，仿佛叼了一根空气牙签。

“是又怎样？”

“免惊啦，我们是朋友。”鬼剃头拍拍他的胸口，“敌人的敌人就是朋友。”

“不过，确实从世大运那事之后，两个儿子就不太常回来看我了。我跟各位说，这种活动很讲人情的，老同学邀你加入，能不去吗？不去就是装清高。开幕式那天我根本没进场，但儿子不相信，讲得一副我危害社会的样子。他妈的，老子又不缺钱。老婆十多年前过世了，现在孤家寡人，三餐粗茶淡饭，这次年改对我没啥影响。但有些人的孩子不争气，一家老小就靠他的退休金过活，也有些人舒服日子过惯了，突然要缩衣节食，他们还真的没心理准备。而我图的也就是帮老朋友发个声，大伙一起聚聚，至少不会那么寂寞。”

听到围巾老伯丧妻又寂寞，黑寡妇再度贴了上去，虽然阿伯极力表现出心如止水的样子，但看起就像个唐僧，而且还是耳朵一直被女人吹气的唐僧。

“半个月前，他们计划突袭，我觉得不妥，想找儿子商量。结果他们居然说没有我这种父亲，说什么邻居都知道我反年改，到时候孙女会被人指指点点啥的，我立刻叫他们滚出去！那晚我没吃饭，只喝了点高粱酒，然后一个人到河滨公园散步，忽然觉得人生很悲哀，辛苦大半辈子，一点底气也没有。那种空虚的感觉，就跟刚才那位有癫痫的年轻人一样，接着一个念头就往下跳了。坦白说，当时还真的没想要得到什么，纯粹是气不过，干脆消失算了。

“结果运气不好，那晚来了寒流，我在河里呛了好几口水，不断喊救命，幸好被夜跑的民众救起来。我一上岸就冻晕了，每吸一口气都像吸进刀片一样，那些刀片一直在割我的肺。我那时候就后悔了，只想赶紧到医院休息。一开始先进重症监护病房插管，然后主治医生担心我还想自杀，才把我送过来这里。要讲丢脸，我比前面两位都还丢脸。”

男人就是这样，连丢脸都要比，看谁最赢。

“别这么说。但如果换成其他方式，结果会比较划算一点吗？”

“不知道。我到现在还记得小孙女在床边哭的样子，只要会让她哭，什么方法都不划算。”

“我也不想看到我妈哭。”宅配男突然红了眼眶，“我的身体虽然没什么后遗症，刀疤也可以骗人说是意外割伤的，最多穿长袖遮起来。但我妈坐上救护车之后，就先叫我不要怕，然后一边哭，一边跟我说没关系，好像很能理解我的样子。那句‘没关系’就是我的后遗症，晚上睡觉的时候，我总是会想到那句话。”

宅配男默默地流下眼泪，好几个人开始掏口袋，我用眼神示意鬼剃头，让他过来抽讲台上的卫生纸。

“你呢？”我转而问大婶，“你有什么后遗症？愿意分享吗？”她不是第一次住院，但公开谈这件事还是第一次，我想试探一下她对团体的信任度。

“我这里变慢了。”她指着自己的脑袋，“我上个月才做完第十次高压氧。”

大婶是第三次住院，绰号“十三幺”，一听就知道精通香港麻将。台湾牌她也玩得风生水起，出手既快又准，一旦上了牌桌，其他三家的牌面根本都是透明的，那是她第一次住院时，我跟她的交手经验。幸亏那天玩的是卫生麻将，她又故意做牌给我，不然照她这种赢法，一定会被工作人员关进保护室。

可惜第二次入院时，这位雀圣的功力大减，连牌也拿不稳，就像被断了手脚筋的剑客，个中原因就是烧炭。

20 多年前，十三幺跟着先生从铜锣湾移居到台湾，先生在狮子林当厨师，十三幺则干起类似委托行的勾当，从港岛夹带私货跑单帮，带的全都是意大利高级衬衫，再转一手给迪化街附近的精品店，基本上卖一件赚一件，几年后便自立门户，开了家港式烧腊店。

十三幺牌技了得，原本小赌怡情，兴致一来还有先生夹在中间缓冲。几年前先生过世，十三幺赌瘾大发，无奈双拳难敌四手，遭街坊联手设局成了家常便饭，最后还赔上烧腊店。为了戒瘾，她甚至跟随女儿受洗，可惜上帝输给赌神。

两个多月前的某个夜晚，她在私人赌场原本赢了一百多万，没想到警方破门而入，赌本悉数充公，她倒赔六十多万，保释后两天，在家烧炭自杀。由于门缝塞得不够密实，楼上的邻居发现异味，经由警方通报，成为本区自杀关怀中心的个案。

“我很怕痛，所以像很多人一样，只想用最舒服的方式自杀，以为睡一觉起来就能跟天父打招呼。但是想不到，我的安眠药吃得不够多，那种感觉很恐怖，就像‘俾鬼砸’——你们台湾话是什么来的？喔，对，鬼压床！那时候我脑袋很清醒，身体却动不了，整个房间都是烟，我只能一直被呛，喉咙痛得要命，然后等死。等死是我遇过最可怕的事。接着我就昏过去了。我当时只想着一件事，‘希望醒来后还能说话’，不管对象是上帝或人类都可以，我不要变成植物人。”

“那么，烧炭有让你得到想要的东西吗？”

“我只想要解脱。而且我相信很多人都只想要解脱，这是自杀的人最想要的！”

“那你解脱了吗？”

她露出一种“要是解脱了，我还会坐在这里吗？”的表情：“朋友都说要想想家人，但我当时只担心被地下钱庄‘追数’，就是讨债啦，身边没人能帮手，又怕女儿被牵连，只好去死，起码让这条数断在我身上。你们常说自杀解决不了问题，但是我活着也解决不了问题啊。不准我死，我又不知道该怎么活，你说怎么办？”

确实，很多自杀的人，不是因为“想死”，而是“不知道该怎么活”。

“我知道自己好有问题，我就是滥赌（病态赌博），那我自己负责啰。当然钱庄有派人来谈，我也还剩一些本钱，但我当时真的顾不了那么多，我最害怕的，其实是自己又跑回去赌。”

“好，那如果再给你一次机会，你会再多服几片安眠药吗？”

鬼剃头听了倒抽一口气，这下他更确信团体治疗结束一定会有人自杀。

“不会，反正他们还是会跟我女儿追数。死是最不值钱的，只会把欠的钱连到另一个人身上，帮钱开另一条路。这是我做完这么多次高压氧，最重要的感想。”

对于烧炭自杀的案主，高压氧治疗（Hyperbaric Oxygen Therapy）的作用在于立刻供给高浓度的氧气，增加血液含氧量，借此降低一氧化碳中毒并发症。但十三幺进行高压氧的时机稍晚了一些，因此才会出现记忆退化、手脚颤抖等中毒后遗症。

“我记得第一次走进那个气舱时，里头好像……”她侧着头想了一下，“好像坐了十个人，每个人都要戴面罩，面罩上有条联结氧气的管线。其实治疗时不太舒服，常常耳鸣的，鼻子也会痛，每个人的表情都不开心。坐在里头，唯一能做的事就是看这些管线，猜它们会动几次。结果我慢慢发现，自己欠的钱就像那些氧气一样，就算死去，还是会传到其他的管线里。除了还钱，没有其他方法能阻止这种流动。”

“那你后悔吗？”

“不知道该怎么说。我现在不太能打牌了，注意力好差，有时会漏掉上家的牌，有时又忘记下家听牌，经常放炮。麻将原本是我人生最犀利的本领，现在连天九都不太能玩。好处是不用怕被人追数，女儿会留点钱给我买乐透，没事就带孙子，生活少了刺激，但也不会被人刺激，所以我不知道该庆幸还是后悔。不过讲真的，我只害怕一件事。”

“什么事？”

“我怕会忘记我丈夫。”

我在白板前停了一下：“我想，有些人之所以不再尝试自杀，或是选择不易立即死亡的方式，通常是因为还有牵挂的人。不幸的是，通常要经过自杀未遂，那些人才会从脑海中浮出来。”

“老师！”黑寡妇突然举手问道……

“你想死吗？”

自杀突击队（下）

移除痛苦的方式，不一定只有自我了结。

“老师！”黑寡妇突然举手问道：“你想死吗？”

一说完她便意识到自己似乎少讲了几个字，于是赶紧把那几个字补出来：“……不是啦，我是说，你曾经有想死吗？”

“嘿嘿，火烧到自己身上了吧。”鬼剃头没说出来，但那笑容差不多就这个意思。

“会啊，每次医院搞评鉴时，我都超想死的，不过这种‘我超想死的’其实等于‘感觉超烦的’。如果认真讲这件事，那是我研一的时候，当时每天都在翻译原文书，帮实验室跑统计资料，报告根本写不完，还跟女友分隔两地。虽然回到故乡念书，却觉得自己像个局外人，孤单得要命。后来在某个凌晨，我赶报告赶到一半时突然觉得‘好想死’，于是直接把计算机关掉，报告丢到一边，然后想象自己坐在阳台矮墙一头往外栽的感觉。那种想象大概维持了好几天，一直到期中考结束，心情才好转，后来发现那晚关计算机时好像忘记存盘，于是又变得很想死了。

“很多时候，当一个人说出‘我很想死’的时候，他的潜台词其实是‘我现在很痛苦’。他可能连自杀的形式都没想好，只是想逃开当时的处境，或是那处境所带来的痛苦。他想要的，只是‘让痛苦消失’，怎么样都好，但离真正的自杀行为都还有一段距离。这也是为什么我们常说，想自杀的人当中，有七到八成都会回头，就看接下来有没有足够的空间让他转身。”

“如果遇到那种正在犹豫的，你们都怎么处理？”围巾老伯接着问道。

“刚刚说过，对八成的人来说，自杀这件事并不是本能反应，不是敲膝盖就会踢腿，不是念头一转就会直接去死，这中间都还有一段空档。心理师能做的，就是利用这段空档，一起讨论想自杀的原因，理解他的立场，帮他判断信息是否正确，陪他思考可行的选项。多数想自杀的人都会透露出信息，有些人只要被听到，被理解，他就不觉得被这世界敷衍。有些人只要给他时间缓冲，那股执念就会退散。有些人只要补足信息，提出新的选项让他参考，他就能解决问题。毕竟会采取自杀，通常是因为突然‘失去解决问题的能力’，或‘缺乏陪伴支持的对象’，若能把这两个洞同时补起来，他跌进深渊的概率就会变小。”

“老师，那你碰过死意坚决的人吗？”宅配男举手问道。

“有，当然有，而且还不少。但我想先问问大家，各位都是过来人，都跟死神打过照面，你们觉得哪种自杀类型是最难救的？”

“没钱啦，这绝对第一名，谁来救都没用，钱来救最实在。”鬼剃头不假思索地说道，十三幺比出大拇指。

“绝症也救不了，我有个学弟，食道癌快十年，一直想去比利时安乐死，家人怎么可能答应。结果去年他上吊了。告别式那天，我还狠狠念了他一顿，结果我自己也……唉……”围巾老伯摇摇头。

“我觉得是夫妻其中一人突然过世，那种人最难救。”宅配男说道，“我爸爸在我初中时被撞死，出殡后没几天，我妈就吞农药，而我是唯一的目击者。结果她被救醒之后，就像老师讲的一样，好像突然想起自己还有三个孩子要养，之后就再也没自杀过。我这次割腕，她很能理解，而且很自责当初做了不好的示范。”

“大家说的都没错，大概不脱这些类型。若是一般的抑郁症状或情伤所引发的自杀都还好谈，但根据我自己的经验，以下四种情况非常棘手，几乎都是一心求死，彻底超出我个人的守备范围，必须动用更高层级的资源。”

接着我一边在白板上写下这四种情况，一边解释。

第一，经济问题。其中以被诈骗的人居多，也有投资失利或过量借贷的，但不代表每个人都会因此而自杀，只是一旦面对钱，医疗体系无法开门，只能指路，或请社会福利机构接手。大多数的人都以为这种案例最多，但根据自杀防治中心统计，因经济问题而自杀的，大概只占自杀人口的百分之十。也就是说，只要愿意协商都还有机会，因为对方比任何人都还担心你自杀，人一死，什么都拿不到。

第二，久病未愈。这大概是比较能让人理解的类型，人只要痛到某个程度，越过了那条线，抛弃肉身就会比治疗肉身来得容易，因为它装的不再是命，而是痛。也因为如此，安宁照护才会愈来愈受到重视。

第三，精神疾患。这是最难预防的类型，那种时常把死挂在嘴边嚷嚷的人都还好应付，至少他们还希望别人在意这件事，但有被害妄想与幻听的患者就真的让人头痛。他们平时不动声色，即便会谈也坚不吐实，因为长期被幻听与妄想威胁，也知道根本没人相信，因此拒绝透露任何自杀信息。然后就在出院后某一天，在自家顶楼跳楼身亡。

第四，失去最亲密的人。这是最让人无助的类型，因为结局通常是连一拉一。

写到这里，我放下了笔，说道：“我记得那是七八年前的事，社会局转介了一个有自杀意图的中年妇女，她先生在海钓时不慎被浪卷走，一星期后才漂回岸边。她的双亲早逝，加上晚婚，跟先生约好不生孩子，于是唯一能让她留在这世上的理由也不存在了。她真的一无所有，变成一个和这个世界没有关联的人，变成一个我根本不敢去同理的人。她曾经说过，死亡是件很神奇的事，在生死之间画条线，人一旦跨过去，生前的种种都会变得完美，再多缺点都会翻转成美好的回忆。她愈想起先生的好，就愈不能忍受孤单，会谈后两周，她选择跳楼，自杀身亡。

“之后我抑郁了一个月。因为整件事的剧情与结局早就写好了，而我只是负责试读的人。前面说过，多数人之所以自杀未遂，是因为他们有牵挂的人，然而当一个了无牵挂的人想跳楼时，唯一能阻止他的只有地心引力。”

全场变得静默，有段时间没发言的黑寡妇，此时缓缓地说道：“老师，那我应该是这里面最有资格自杀的，因为我就是一个了无牵挂的人，每个男人都不想跟我有任何瓜葛。”此时，右边三个男人点头如捣蒜，尤其是围巾老伯，他真的很虚，应该再也禁不起对方进一步的调戏了。

“那你愿意跟大家分享你的故事吗？”

黑寡妇是个边缘型人格患者，住院频率就像进戏院，那些刀疤就是票根，同时也是拿来侦测同类的传感器；但严格说来，她并不是典型的边缘型人格。

40 出头，冻龄美魔女，高职念的是美发科，一路从洗头妹做到设计师，不到 30 岁便升格发廊店东，常客也成了她的男友。

然而几年前，就在两人结婚前夕，小鲜肉男友突然卷款弃婚，连她的嫁妆也搜刮殆尽，发廊几度周转失灵，加上她无心经营，最后被迫顶让。而那个家伙一年半后在东莞被抓包，当时剩下的钱还够他养两个女人。

之后小鲜肉虽然被送去吃牢饭，但她再也不相信任何男人，复仇大计于焉展开。她专挑有妇之夫下手，再利用自残住院，坑杀对方，钱一到手后便全身而退，成了小三专业户，每一条刀疤，都是一条外遇亡魂。

边缘型人格大多是因为害怕被抛弃，因此以自伤来制造对方的愧疚，目的是“留住对方”。但她比较特别，每一次自伤都是为了制造男人的恐惧，目的是“抛弃对方”，以此为乐。倘若不理解故事的暗线，很容易把她当作前者，事实上，她确实有边缘型人格特质，但真正驱策她坑杀男人的，应该是情伤后的抑郁症状。

她的故事讲得跟病历八九不离十，而且还特别强调“男人都不能相信”这个结论。但事实上，我比较倾向她每次分手，或多或少都受了点伤，绝对没有那么铁石心肠，因为如果只想拿钱，搞仙人跳就好了，不需要伤害自己。而且就算她通盘否认，最起码这一次不一样，因为这一次她是吞药，而不是割腕。

“没错，你确实是最有资格自杀的。有些人自杀是真的想死，但有些人自杀只是为了想让对方‘得到教训’，最后变成自残。前者是为了解脱，后者是为了抗议，两种不太一样。你觉得自己像哪一种？”

“那我可以听听大家的意见吗？”

我点头时有点犹豫，因为围巾老伯看起来又开始坐立难安了。果不其然，她慢慢把上身贴向阿伯，但我真心觉得阿伯不能再接受任何物理刺激，我很担心他会中风。

“队长，你觉得呢？”

“呃……我想，两种都有吧。”

“怎么说？”我回应道。

“我想她一开始真的受伤了，就像刚刚那位“赌后”分享的。她当时只想解脱，所以选择自杀，但后来就是为了报复男人，如果真要说的话，抗议的心态居多吧。”

“对于用自残来抗议男人，你有什么看法？”

“我觉得情有可原。我这不是在讲什么场面话，因为她一直没打开心结。这种事，就算对方被抓，也不代表心里的伤就会好。我小妹比你虚长几岁，几年前也被男人骗，就算我老弟把那家伙揍个半死，小妹还是一样心痛，这事儿没伤个三五年，是没法往前看的。”

我接着说：“没错，人在极度心痛的时候，只能靠身体的痛去覆盖。有人说看血流出来就会平静，或者感觉到痛就觉得还活着，我认为这些讲法都太过浪漫。自残的起点都是很直觉的，目的都是在确认自己正在受伤，不论是生理还是心理。”

围巾老伯继续说道：“不过就像老师说的，你可以问问自己：你真的得到你想要的了吗？你拿到他们的钱，就等于抗议成功了吗？那要抗议到什么时候才是个头呢？我不知道。我认为你拿这些钱再去开家发廊，找回手艺，人生说不定还开心点。”

语毕那一刻，阿伯背后发出了类似圣光的东西。

“在场的其他男士，还有谁要替自己辩护一下吗？”

“割腕的痛，我非常能体会。”宅配男轻轻摸着自己的手腕。

“就跟你说那是因为你割错方向啦。”鬼剃头立刻用手画了一条横线。

“就算是这样，要把自己的手切开 30 多次，也不是闹着玩的，是我就不敢。但你这次是吞药进来的，跟之前不一样，所以我猜你这次可能真的受伤了吧，不是只有抗议而已。我觉得队长讲得很好，就算要抗议，也不需要拿自己的身体抗议，拿你的新店面去跟男人抗议，不是更理直气壮吗？”

“讲得很好，记得也要用在自己身上喔。”我看着宅配男。

“抱歉，我讲太多了。不过，真的不是每个男人都像你那个男友，我虽然没交过女朋友，但其实……”宅配男干咳了一声，突然尴尬起来，“但其实我也是个好青年，每天都有按时吃药，而且很孝顺妈妈，出院后一定会好好工作，如果可以，请给我一个机会，我从以前就喜欢姐姐型的……”

后面这一大串有的没的都是鬼剃头乱配音的，宅配男本人已经用手把脸埋起来了，这应该是到目前最欢乐的场景。

“妹子，大哥我不敢说自己是什么好男人，自从跳楼断腿后就变得很爱喝酒，也会常常凶老婆，但我绝对不会去骗女人，也不会外遇。我跟你保证，我一定会让你少一个抗议对象。”

“你放心，她也不会找你，你没钱让她骗！”十三幺顺势搭腔，围巾老伯点头附和，“我丈夫从过世到现在，我每天都很挂念他，他是我最信任的人，至少这个人不会在你的名单内。阿姨跟你说，你遇人不淑，这件事回不了头，而且确实不好彩，意思就是不走运啦。

但不是只有你，坐在我们这一排的运气都不太好。运气不好没关系，你还有那把刀啊，只不过拿它割自己的手好浪费的，它比较适合帮别人修剪门面。”

一直到团体治疗结束前，黑寡妇都没再说话，只是抿着嘴角让眼泪流下来。结束后没有任何团员先离席，即便宅配男的妈妈来探病也一样，没有人多说什么，大家用同样的姿态，静静地坐在原地陪她，陪她把委屈掏出身体，陪她把抽咽声收进身体。团体治疗带了那么多年，我从来没看过这种收场方式。

这是一支只有六个人知道的自杀突击队，成军时间 90 分钟，里头没有“死亡射手”，没有“哈莉·奎茵”，只有一群运气不好的人，运气不好到连死神都拒收。但我更相信是他们命不该绝，或许之后还是会有人喝酒闹事，有人会和孙女和解，有人会再住院个几次，但至少他们了解到，在死神身上，没有他们想要的东西。

回到休息室，时间早已超过三点半，我跟无缘的咖啡正式诀别。没想到几分钟后，警卫大哥居然主动提了两大袋咖啡放在桌上，还指明工作人员一人一杯。

我很感动，那是一种女友终究还是选择回到我身边的感动，但是事实证明我想太多了，这纯粹是因为宅配男爱喝咖啡，他妈妈爱屋及乌送上来的。如果提前离开，我根本喝不到，提早去买也没用，因为听说现场早就被塞爆了。

于是我拿着那杯殊途同归的幸运咖啡离开，顺着医院的玻璃楼梯间，一路往下走到五楼，然后望着窗外。

如果没记错，这就是鬼剃头当初跳楼的高度。我一边喝咖啡，一边看着远处的云，想象着他越过阳台围栏的样子，当初他望着前方时，不晓得看到了什么画面；往下跳之前，有没有因为突如其来的风声而感到退缩。

站在这样的高度，人可以向前看，也可以往下跳，生死的距离成了一个直角，但在那个当下，一无所有的当下，往下跳远比往前看还要容易。毕竟选择死亡，只需要一个决定；选择活着，却必须面临更多的决定。

因此即便身为心理师，有很长一段时间我都不太明白，自己究竟有什么立场能阻止他人自杀。决定自己身体的去留，应该是人类的基本权利。就像精神病学家托马斯·沙茨（Thomas Szasz）说过：“自杀只是一种方法，让死亡从被动的概率变成主动的选择。”这样的行动，也只是所有生命行动中的一种而已。因此对于选择死亡的人，我实在无法剥夺他的权利。

直到最近几年，陆续接触自杀未遂的案主，我才发现那些所谓“选择死亡”的案主里头，有很大一部分其实是对死亡“有所怀疑”的人。人在死亡面前是很倔强的，不会轻易表现出他们的怀疑，因此那些人才属于我的守备范围。

人之所以自杀，是因为痛苦，但移除痛苦的方式，不一定只有自我了结。也就是说，坚信唯有自尽才能解脱痛苦的人，我只能尊重你的权利；但如果你对自杀有所怀疑，就表示你“不否认”还有其他方式可以解除痛苦，那么请你继续保持怀疑，哪怕只有一点点也好。只有怀疑，才能让生死拉开一些空隙，再透过那空隙，看到一些多出来的选项。

死亡是必然的终点，有人抢先一步抵达，有人想尽办法迟到，然而无论选择早到或迟到，都是寂寞的决定。

与儿童谈死亡

死带来了生的焦虑，而生的焦虑让我们学会珍惜。

“爸爸，我们为什么要来拜拜？”

当女儿在灵堂旁抛出这句话时，我想起了小铁。

一直以来，女儿都由我接送上下学，我们总是在相同的位置等红灯，看着傍晚的天色，一边讨论晚餐，一边否决对方的选项。

有一天，她注意到了水沟边的某根草，那是一根高颜值的草。身板硬挺，翠绿饱满，简直就是枚仙草，女儿甚至把它当成阳台那株龙铁树的一部分，一心一意帮它认祖归宗，于是它有了名字：“小铁”。

自此之后，一旦路过水沟，我们都会跟小铁打声招呼，然后周围的骑士都坚信这对父女有幻觉。遗憾的是，接下来一个多月久旱未雨，小铁的尾部开始冒出浅褐色的区块，然后一路往身体中心蔓延。

女儿察觉到它的体表变化，却不了解为何两种颜色会相互消长，她还没有枯萎的概念，于是我跟她说：“小铁生病了，不喝水的话，身体会变成土黄色的。”而她开始企盼着有人来浇水。这心愿上达天听，于是接下来时盛时衰的雨水，让小铁苟活了一阵子。但它就像一根化疗后的草，身体分成两截，一截回不去从前，另一截不知何时会被进犯。

终于在三个月后，小铁全身都被浅褐色所覆盖，伏贴在雨后的沟边，仿佛只是真身蜕皮后的残迹。女儿蹙着眉，露出惋惜的表情：“爸爸，怎么办？它好像已经‘哇哇哇’了。”

“哇哇哇”这三个字必须带着鼻音，跟“嗡嗡嗡”差不多，最好还能自带动作，通常是伸出食指，然后慢慢地弯下来，请想象食指中枪，然后挣扎一下的样子。“哇哇哇”是我们对死亡的暗号，而我确信这一定是学校某个男生为了吸引女生注意，选择装死所发出来的声音。

两个月后，某位远房长辈也步上小铁后尘，在癌症的进犯下，离开我们，举办隆重的告别式。

这是她第二次参加告别式。

第一次参加告别式时，她只有两岁，全程躺在婴儿推车里，在睡梦中走完全场。因此这场告别式，她变成了陌生人，有很多事需要习惯。

她需要习惯这个场合允许哭泣，需要习惯棺木里的人不是在休息，需要习惯大人露出脆弱的样子，需要习惯场外震天响，场内却都在低泣，需要习惯哀戚的乐音，需要习惯那些繁文缛节，以及不时飘进灵堂的小雨。

即便满腹疑问，但她最想问的还是那句：

“我们为什么要来拜拜？”

“还记得小铁吗？”我蹲下来，视线与她齐高。

“记得啊，它已经‘哇哇哇’了。”

“那我们后来跟小铁说了什么？”

“我知道，我们说了 Bye-Bye，跟它拜拜。”

那天我们停下车，郑重其事地走近沟边。

“还记得为什么吗？”

“因为你说我们再也见不到它了，所以要说拜拜。”

“没错，所以我们今天来拜拜，就是为了说‘拜拜’。”

“所以他也‘哇哇哇’了吗？”女儿指着灵堂前的遗照，那是个收敛的笑容。

我点点头。

“跟爱睡公主一样吗？”其实就是白雪公主，但她觉得这个讲法比较符合人设。

“完全不一样啊，宝贝，伯公绝对不会想穿公主的衣服，就算他们的家人很想再亲他一下，他也不会因为这样醒过来。他现在就跟小铁一样，所以我们要和他说再见。”

她看起来有点茫然，于是我决定讲得简单一点。

“因为以后我们看不见他了，但又很舍不得他，所以要跟他说再见。”

舞狮团刚结束，阵头与孝女轮番进场，鼓乐炮声齐响。面对这种阵仗，女儿显得有点害怕，旋即捂起耳朵，我轻轻地抚着她的背。

“很大声对不对？别担心，这些人都是来跟伯公说拜拜的。有人很热情，有人很难过，每个人说拜拜的方法都不一样，就像有些人会挥手，有些人会哭哭一样。”

“那伯公会不见吗？”

“嗯，伯公现在就躺在那个箱子里，之后会有人把它推进一个黑洞。那个洞很神奇喔，一点火，咻一声就会把人送到很远很远的地方，跟火箭一样飞超远。”

“那他还会回来吗？”

“不会。就像你之前很喜欢的小小兵气球，它后来在公园怎么了？”

“不小心飞走了。”

“对，所以伯公就像那颗小小兵气球。”

“那他好可怜喔。”

“哪会，可以飞向天空超酷的，说不定它才不喜欢被我们绑住咧。”

“可是，我觉得不见会很可惜啊。”

“嗯，我也觉得不见很可惜，但有时候它又会偷偷跑出来喔。”

“才不会咧，爸爸你乱讲。”

我承认，但乱讲拿来转移注意力十分受用。

“你看喔，虽然伯公的身体不见了，但如果他的家人很想他，他们做梦的时候，他就会出现在梦里，就像你很想吃草莓面包，做梦就会梦到草莓面包一样。如果没有做梦，也可以看看照片，那他就会出现在照片里。聊天聊到他的时候，他也会出现在大家的心里。”

“好奇怪喔。”

“爸爸问你，你会想念老妮吗？”老妮是我十多年前收养的流浪狗，但一直丢给苦命的老母养，目前定居高雄。论辈分，老妮算是女儿的姐姐，但这件事她想象不出来。

“想念啊。”

“那你想她的时候会怎么办？”

“嗯，看照片。”

“为什么你想看照片？”

“因为老妮在里面。”

“那她是不是就出现了？”

她点点头。

“只要我们一直想念她，她就会一直出现。”

“那老妮会‘哇哇哇’吗？”

我深吸了一口气：“会啊。”

“我不想要老妮不见。”

“我也不想，虽然她嘴巴臭臭的又很胆小，但我还是会舍不得。那要怎么做呢？”

“要一直想念她。”

我摸摸她的头，慢慢将她抱起来，路的尽头还有三组阵头等待进场。

“没错，要是她不见的时候，我们一定要好好跟她说再见，然后一直想念她。”

“那爸爸你们呢？会不会不见？”

对话进行到这里，终于迎来这一句。

“嗯，那还要很久很久以后，因为我还要保护你跟妈妈啊。因为我是什么？”

“你是骑士。”对，我们家没有国王，所谓骑士也只是把耿夫讲得好听一点。我们家只有女王和公主，就跟神力女超人的故乡一样。

“你放心，爸爸一定会好好保护你，然后把所有偷亲过你的男生的手剁掉。”

“不要！”她给了我一个绝对不能剁掉的名字，然后紧紧抱着我，一副很想念我的样子。

鼓声依旧持续着，但我分不太清楚那究竟是远方的鼓声，还是女儿的心跳声。

跟孩子谈死亡，一直都不是简单的事，光是起手式便莫衷一是，当然也没有标准流程，与亡者的亲疏远近更左右了整件事的难度。

一些学者认为，在三到五岁孩子的想象里，死亡就像一种“可逆反应”。也就是说，死亡对他们而言，可能等同于电玩游戏中的三条命少了一条，只要努力补血吃金币，那条命就会加回来。即便无力回天，也只要任性地按下重启键就好，于是死亡变成一种“可逆反应”，由正负号决定。

又或者，死亡只是一种暂时的分离，这是大野狼教会孩子最重要的一件事。这位童话反派的先驱，在每个故事开头重生，结尾亡故，以八百多万种死法成为领便当专业户，但又在不同的平行时空里无限复活。因此它的死亡没什么重量，因为它从未真正离去，孩子在它身上学不到如何悼念。

由此可知，孩子对死亡并不陌生，甚至与它周旋已久，因为他们早从电玩设定与绘本情节，甚至生物的枯荣中得到答案。但让家长讳莫如深的是，担心谈论死亡会触犯禁忌，动摇心绪，让孩子从扁平的世界观中翻覆，直陷地表。

事实上，死亡原本就是世界运作的一部分，是现实的某个章回。肉身的兴衰仿如气象，但我们不可能只谈论晴天，将生死教育纳入日常，才能抚平死亡带来的冲击。

很多时候，我们高估了死亡的谈论门槛，但家长真正欠缺的，其实只是开口的勇气以及切入的角度。不过别担心，接下来，我会提供几个重点。

如何和孩子谈论死亡，除了前头的对话，顺道推荐以下两篇文献（在线都搜寻得到），分别是：《与 4 岁幼儿谈生论死——一场由对话衍生的生命探究之旅》，以及《如何与学龄前幼儿谈论死亡》[1]这两篇文献

1. 陈贞旬 . 与 4 岁幼儿谈生论死——一场由对话衍生的生命探究之旅 . 台北：教育研究与发展期刊 . 2007 年 3 月 1 日，第 113 — 142 页。黄彩桂，刘彦余 . 如何与学龄前幼儿谈论死亡 . 台北：台湾教育评论月刊 . 2014 年 3 月 8 日，第 92 — 95 页。

提供了数种开场契机与执行技巧，在此节录相关重点与建议，提供给各位读者参考：

- 动植物是生死教育最自然、最不具威胁性的题材，可由此入门。
- 绘本与戏剧也能拓展谈论契机。
- 可从成人自身的生命经验出发。
- 当孩子主动发问时，请把握时机，最适当的响应是据实以告。
- 以开放的态度澄清孩子的死亡认知，才能减少他们的不安。
- 对话不只是响应，更是一种教育历程。

死带来了生的焦虑，生的焦虑让我们学会珍惜，死生契阔，人之常情。但对于一个四岁女孩而言，她还不需要学会这种豁达，只要能在这场合无所畏惧，好好向眼前的人说声再见，把想念传递出去……

那么至少，死亡也教会了她一件事。

创伤后应激障碍

有时候经历创伤，
这世界回敬你的，
除了伤疤，
或许还有意料之外的馈礼。

一开始是塑料味，不，应该是烧塑料皮的味道。

不知道那股刺鼻的味道是从哪里冒出来的，她被呛醒之后，视力似乎还没跟着苏醒，周围的声音全都混在一起。她把自己的脑袋当成收音机的旋钮，微微晃动，就像调整广播频道一样，把数字转到最准确的位置，然后慢慢辨识出那些声音。

那是一群人说话的声音，电锯转动的声音，铁片互相撞击的声音，类似救护车的声音，不断有车辆穿梭的声音，伴随地面晃动的感觉，角落里还有一丝微弱的哭声。

闪现的火花不断从眼角冒出，像有生命似的。过了一会儿，感官逐一归位，声音越发清晰，她定睛一望，才明白眼前为何一片模糊，原来她正处于倒立状态，脸颊上的汗不断流进眼睛，遮掩了视线。她觉得好热，安全带把她固定在颠倒的世界，血液只能往反方向流，浑身刺痛，就像一个绝望的标本。忽然间火花与电锯声都消失了，她仿佛听到有人在自我介绍，此时安全带应声断裂，接着她被一股力量往前拉，整个世界在一瞬间回正。阳光变得刺眼，她回头一看才发现，身后是一辆翻覆的休旅车。

几扇被锯开的车门叠在一块，微弱的哭声则来自下一个被拉出来的女人。车身拖着两道歪斜的刹车痕，发出刺鼻的塑料味。她惊魂未定地望着天空，不知道先生现在在哪里。担架上全都是汗，右手袖子就像浸湿的毛巾，整个轻飘飘的，不对！她抬起手臂一看，才发现所谓的汗其实都是血，而轻飘飘的部分则是残余的皮肉，原本浑圆的手臂居然少了三分之一，连痛都还来不及感受，她再度晕了过去。

一直到她在重症监护病房的病床上惊醒，她才慢慢回想起来，那天是高中同学 30 周年聚会，一行七人挤进了厢型休旅车。

往南的路上，天空很蓝，话题原本绕着露营设备打转，不知怎么突然跳到历史老师身上。老师最爱讲的就是那句："同学，这题谁会，严重加分！"然后坐在副驾的胖子开始学起那句"严重加分！"一副很严重的样子。车上的人全都笑歪了。

当笑声还在往后座延续时，突然就被刺耳的刹车声给截断，车子仿佛误闯了什么禁地，她还来不及捂上耳朵，车身便开始翻转，速度之快，让她觉得整个世界正在往自己身上压。此时车身短暂腾空，她坐在窗边，感觉到右半侧即将被柏油路面吸进去，在车身着地之前，副驾的胖子被甩出车门，这是她看到的最后一个画面。

说到这里，妇人开始哭泣，于是我们停了一会儿。

为了闪避前方货车掉落的铁条，司机紧急刹车后造成打滑，车身随即朝右翻倾，滑行了 20 多米直到内线护栏边才停下。副驾的胖子因为没系紧安全带被甩出车外，颅骨挫伤，其余乘客两人重伤，四人轻伤。由于妇人的座位靠近右侧车窗，车身滑行时造成她的右手臂严重撕裂伤，皮肉几乎被削去了大半。

自此之后，她觉得人生几近崩毁。事实上，也确实如此。

接下来半年，她几乎没再跨出家门一步，因为她无法忍受马路上的一切，包括车辆从眼前穿梭的流速、引擎运转的鼓动，以及突如其来的刹车声，尤其是刹车声。这些声音与影像会直接冲击她的视听，瞬间将她拉回生死攸关的车祸现场，力道之猛，即便在梦中也会被拉出梦境。

在死亡面前，她毫无招架之力。

不仅如此，她也无法再搭乘任何交通工具，唯一信任的，只有自己的双脚。

相较于右臂，下半身算是幸存下来了，但医生规定一周必须复健两次，让右臂剩下的肌肉维持运作，因此她只能妥协，戴上耳塞，举步维艰地走向五公里外的医院。而且在这没完没了的夏天，她还是坚持穿长袖，防的不是阳光，而是旁人的刺探。一旦让人看见伤疤，她就会再次被拖回事发现场；相较于刹车声，这种刺探更像一种凌迟，因为她必须花时间思考如何响应，这件事远比复健更让她感到耗竭。

她的驾驶能力、社交圈、对这世界安全的信任、对交通工具的仰赖，都在一场车祸之后被翻转了。现在她得时时提防手臂被人看见，把每件短袖衣服丢进回收箱，只差还没剪掉乘车卡与驾照。手臂明明变轻，身体却变得更沉重，一打开情绪只剩害怕，只好选择关起来，什么地方都不想去，卧室的门成了她唯一的屏障。

但最可怜的并不是她，而是她先生。他必须忍受妻子从梦魇中惊醒，只因为救护车路过窗边，或是车辆警报器夜半乍响。他也不敢去小便，因为冲马桶的声音会穿透妻子的梦境，把她拉回现实，后果就是陪着妻子一起失眠。

任何与车祸有关的新闻与文字信息，就像一片生活中的透明地雷区，他必须踮着脚尖如履薄冰，一旦踩雷就等着妻子爆气。

妻子失去了安全感，除了复健几乎足不出户，就像一个行动自如的生活瘫痪者。到最后，他只能眼睁睁地看妻子变成一名典型的“创伤后应激障碍”（Post-Traumatic Stress Disorder，简称 PTSD）患者。

以上这些段落，都是妇人仰靠在沙发上，一边做腹式呼吸，一边跟随指导语，经由回忆，一字一句拼凑出来的。

这趟原景重现之旅，足足花费了四节疗程，历时一个月才完成；然而一个月前，她踏进会谈室时，提出的却是完全相反的要求。

“我只想让这种痛苦的记忆消失，拜托！”

当时妇人一踏进会谈室，劈头便丢出了这句话，而这也是多数患者的唯一愿望。于是我点点头，戴上墨镜，从胸前掏出一支闪着红光，形状很像钢笔的装置，那是一支记忆消除棒，没错，就是电影《黑衣人》幕后团队研发出来的医疗器材，原价 399 美元一支，淘宝只卖 399 元人民币。使用步骤很简单，打开开关，案主接受闪光刺激，过往回忆一扫而空，取而代之的是治疗者帮他预设好的故事。

由于好一阵子没用了，我花了一点时间才找到开关。接着以有点生疏的姿势打开开关，跟她说她半年前的经历其实只是一场梦，最后按下闪光键，完美——喔不！忘记帮她的伤疤编一个理由了，一大块肉突然不见必须好好解释，趁她还在恍惚状态，我赶紧随口胡诌了一个故事，再度按下闪光键，OK 啦——喔不！刚刚那个故事里的女儿还在台湾，实际上她去了加拿大，这样会记忆错乱。好吧，再来一次。就这样趁乱来回搞了好几次，好不容易搞定了，结果居然换她先生出事，他变成一个没有过去的男人。因为我完全忽略他就站在一旁，整个过程中，我都忘记帮他戴上墨镜，他被闪光闪到恍神，于是人生变得一片空白。

倘若真有这样的机器，人生会变得更圆满吗？我不确定，至少她先生就被害到了。我只能肯定，为了逃避，人一定会不断使用这台机器，周而复始，然后身上会不断冒出许多无法自圆其说的伤疤，因为即便消除了记忆，伤疤也无法复原。

然而伤疤所代表的，不只是生理组织或心理状态的愈合印记，更是一段生命经验的浓缩。里头会有让人厌恶的官能刺激，也会有值得珍惜的人物光景，可是一旦选择快捷方式，我们就永远学不到如何处理自己的伤痛。等到哪天机器失灵，人就会跟着失能，因为在剥除记忆的同时，也剥夺了人的自愈能力。

一想到这里，我决定把那支“记忆消除棒”收进脑中小剧场，然后对她说了五个字：

“抱歉，做不到。”

妇人迅速涌出泪水，在她先生递上面纸后，我请两人坐下，接着对妇人说：

“我这一辈子都在做同一场噩梦。大概凌晨三点多，我就会回到高中教室的座位上，超级莫名其妙，然后我手上会突然冒出一张考 23 分的物理考卷。我物理很烂，但可怕的是其他同学也陆续领到 23 分的考卷，然后都轮流把考卷交给我，说什么要物归原主，光这一幕就演了很久。不只这样，就算我在梦中吃饭、开车、看电影，我拿到的账单、罚单或电影票，全都是那张考卷，我很怕哪天梦到身份证翻过来只有这个分数。对，就是这么欺负人，人在梦中是无法还手的。我知道物理考很烂跟车祸不能比，但我相信没人会被物理考卷霸凌到醒过来。

“人都想让创伤记忆消失，可惜这世界上没有记忆消除棒，只能改变大脑结构。于是你有两个选项：脑伤或是手术。前者可遇不可求，当然你可以找到各种让大脑缺氧的方法，但代价是终身瘫痪，下半生过着围围巾擦口水的人生。后者更麻烦，大脑的记忆部位主要在海马回（Hippocampus），也就是颞叶内侧的部位，不幸的是我们无法挑选记忆，只能把整块部位摘除，就像苹果不会帮你修 iPhone，只会送你一部全新的。但你的人生不会像拿到一部新的 iPhone 一样开心，因为没有海马回，你除了过去的人生会不见，未来可能也留不住任何记忆。”

“那催眠呢？”

“那是一种相对和缓的方式,但目的也是要你去习惯这段记忆，而不是消除它。”

妇人瞠目结舌地望着我。她来这里抛出问题，没想到问题却绕一圈回到自己身上。

“我明白，这场飞来横祸改变了你的人生，你很想回到过去，让身体恢复原状，但不管从物理或医学上都做不到这件事。或者我们可以尝试比较传统的做法。”

“怎么做？”

“跟这段记忆一起生活。”然后妇人翻了白眼，虽然时间很短，还是被我抓到。

“我知道这样讲很老套，但不管把它视为威胁还是教训，都会是你人生的一部分。能够提起勇气面对，找到方法共处，你得到的，会比失去一段记忆还多。”

“嗯，我也这样觉得！”

她先生开口时，我还愣了一下，我无意间一直把他当成不小心被我删除记忆的人。

“先说声抱歉，我们也知道不可能删除记忆，但我太太还是管不住嘴巴。其实我们还有另一个目标，她有个同学直接被甩出车门，伤势惨重，预计要休养到年底才能返家。其他五个人都约好到时候一起探望他，只有我太太拒绝，而且还拒绝了三次，她根本不肯坐上任何交通工具，只肯走路。”

我想起这两个人刚进门时，他浑身都湿透了，她先生几乎把所有家当都扛在身上。

“但她又很想去看看他，因此我们希望年底前，她能坐上交通工具赴约，什么交通工具都行，我会陪她一起。”

自此，治疗目标变得明确，然而算算日期，我们只剩下三个半月。

根据研究[1]，当一般人遭逢创伤后，身心受到剧烈的冲击，信念会

1. 福尔，斯泰奇，罗特鲍姆.创伤后应激障碍的行为与认知.美国：行为疗法.1989,20（2）.第155—176页。

因此变形，慢慢扭曲成一组恐惧结构，结构核心便是“不再相信这世界是安全的”。若要降低恐惧的程度，有两个必要条件：

一、重启令人害怕的记忆。

二、加入与结构不兼容的新信息，形成新的记忆。

也就是说，先让她感受当时的恐惧，再重新审视整个事件的严重性，只要能“重新评估”，就有机会产生新的信息，减少不合理的恐惧。简言之，就是希望案主做到“可以害怕，可以学着适应，但不需要把恐惧扩张到生活的每个角落”。

因此，针对 PTSD，治疗方针会从“行为”与“想法”两部分着手。

由于创伤的类型多样，妇人属于曾经“暴露在死亡或重伤威胁”的类型，整场治疗会以行为练习为基础，主要使用暴露练习法（Exposure Therapy），也就是所谓的身历其境。一旦能一步步克服身历其境所带来的焦虑，就能累积足够的信心，试着推翻“这世界已经变得很不安全”这种不太合理的假设，即便在生活中误踩雷区，也能在短时间内恢复平静，认清“这世界其实跟以前差不多，没有想象的那么危险”。但要让以上的文字变成事实，势必得先重启记忆。

于是，治疗创伤的第一步，就是重返创伤现场。

“想要回到马路上，就要先想起马路的样子”，重返现场，除了让治疗者能更顺利地了解事件始末，也能让案主停止某种自虐式的想象。

很多时候，对案主造成最大伤害的不一定是创伤现场，而是“对现场的想象”，毕竟身体回来了，记忆却还留在现场，愈不敢回想，它在心中就会变得愈恐怖。借由回想，让身体逐渐适应害怕的感觉，都比先前毫无节制地扩散焦虑来得好。

不过，这不代表要粗暴地把她推回现场，在那之前，我们必须先做好两件事：“心理卫教”以及“放松训练”。基本上这就和去游乐园坐“笑傲飞鹰”之前的步骤是一样的。

心理卫教就像游戏前的安全警示，用来告知案主整个症状的细节，以及接下来的治疗历程，目的是替案主“做好心理准备”，让他知道接下来会面临何种处境，身体会有什么反应，告诉他那样的反应并不罕见。

放松训练则是用来缓冲重返现场时的焦虑的，那也是为什么一群人坐“笑傲飞鹰”时，会发出不像人类该有的叫声的原因，目的都是为了缓冲恐惧，只是形式不太一样。

于是在第一个月，妇人都在重复以下这件事，一边使用腹式呼吸练习放松，一边接受我的引导，重返创伤现场。

一个月后，我们从她描述的细节中，得知了几项信息，经过讨论后，结论如下：

目前无法乘坐四轮工具，但愿意尝试两轮的。

刹车声依旧很困扰她，但愿意尝试拔掉耳塞。

大众运输工具以城铁或火车优先，可尝试公交车，暂不考虑出租车或自家车。

即便坐上交通工具也必须远离窗边，且不能行经国道，这点不强求。

接下来是最重要的步骤：设定暴露顺序。每一次暴露都必须搭配放松练习，由先生作陪。

我们根据以上结论，一起设定了这五道顺序，依序进阶：

“步行来院，但试着拔掉耳塞”

→“乘坐先生的机车来院，时速 30”

→“乘坐先生的机车外出，距离不限，1 周 3 次”

→“乘坐大众运输工具外出，距离不限，1 周 2 次，不坐窗边”

→“乘坐大众运输工具到外县市，1 周 1 次，不坐窗边，不经国道”。

由于时间只剩两个半月，因此我们设定每两周就要进阶一级，期间配合药物服用，依照进度，最后一关若能达标，她应该就能顺利探望朋友了。

遗憾的是，进行到第四阶段时，她卡关了，公交车只坐一站就跳车，下车后立刻瘫坐在站牌旁，差点被送进急诊。于是隔周，她带着满满的负能量走进会谈室，第一句就来个经典的：

“人真是太脆弱了！我的胸口真的很不舒服，车子又晃来晃去，等下翻车怎么办？”

接着一堆问号就像不用钱的朝我脸上丢过来。我很期待被丢，但不是因为我有什么特殊癖好，而是这代表我有机会帮她“重新评估”那些问号的真实性，让她看清楚自己是否夸大了一些事。

“后来翻车了吗？”

“没有，我知道翻车的概率很低啦，但我就是觉得每一次都会遇上啊。”

“没错，在这种时候，概率根本说服不了你。不过你仔细想想，你之前坐车也没有每天翻车，有可能这次车祸后就变成某种易翻车体质，之后一上车就百发百中吗？”

妇人摇摇头：“我也不知道我为什么会变这样。为什么是我？我又不是坏人！”

“我知道整件事真的很倒霉，不过你并不孤单。急诊室可能有很多人跟你一样，我相信里头也有一些好人，但他们还是被送进来了，可见车祸这种事根本就不看功德簿，纯粹是抽到坏签。”

我话才说完，妇人随即泪力喷发。

“我真的觉得很不公平，呜……”

“我也觉得很不公平，尤其是对你先生。”

“什么意思？”

“你先生为你做的每一件事，你可能都觉得理所当然。受苦的人做什么都被原谅，陪伴的人做什么都被嫌弃，但他并没有放弃你。光是这种态度，对其他受苦的太太来说，就已经是一件很不公平的事了。”

结果妇人哭到一半又偷翻白眼。

“我们可以一直哭，把从小到大各种不公平的事都骂过一次。如果可以，我陪你多骂几次也没问题，敲边鼓是我的专长。但治疗结束关上门之后，我会去接女儿下课，跟家人一起开心吃晚饭，而你只会更痛苦，因为你所做的每件事都会把那份痛苦加进去，你周遭的人、事、物全都被连坐，尤其是你先生。能坐上公交车过一站已经很勇敢了，失败也情有可原，但躲回卧室就什么都没有了，还不如把眼泪擦干，我们再调整一下做法，让你能够重新回到座位上。你觉得呢？”

两天后，她再次坐上公交车，可惜的是，这招似乎没能奏效到最后。最后一次疗程她爽约了，我只收到先生的道歉信，表示妇人还是决定缺席那场约定，因为实在无法坐车到外县市。于是我将后续的自助训练与暴露进度寄给他，然后整个下午的会议我都心不在焉，为何功亏一篑，没有人可以给我提示，当然也得不到答案。

两个多月后，横跨了一个春节，初五开工那天我收到一封电子邮件，附件有张照片。妇人跟先生一起坐在火车上，准备前往胖子家拜年。先生靠窗，两人的笑容有些僵硬，手也握得很紧。

我注意到的不是信上的感谢，也不是晃动的画质，而是窗外阳光斜洒在他们脸上的样子，那是他们生命中的吉光片羽，而我有幸见证。

通常在这种时刻，唯一的谢幕语就是尼采的名言："凡杀不死我的，必使我更强大。"但有时候经历创伤，这世界回敬你的，除了伤疤，或许还有意料之外的馈礼，于是我决定让林夕为陈奕迅写过的那句歌词登场：

感谢伤我的人，带来保护我的人。

信仰与安慰剂效应

这氛围会凝聚成一股力量，
让你更有信心期待被治疗，
得到帮助，
但也会剥夺你独立思考的能力。

“抱歉，我应该是不需要什么心理治疗了，经过‘师父’的妙转之后，我现在已经好很多了。你们可能不信这一套，没关系，还是祝你永生圆满！”

这是我跟“师父”唯一一次隔空交手的经验，时间是在“师父”的劳斯莱斯与五亿精舍横空出世的前两个月。

很明显，我被秒杀了，而且还死得不明不白。如果是被自己的业力引爆就算了，但我却是被“妙转”这两个字给打趴下的。这两个字，在今天之前，我从来没听过。

是这样的，门诊临时转介了一个吞药的妇人，但跟一般企图自杀的患者不太一样，她吞的不是安眠药，而是抗郁剂，可想而知，她本身就是重度抑郁症患者。因此，主治医生请我评估她目前的情绪状态，作为日后药物调整的参考，如有必要，再视情况安排心理治疗，不巧当时评估时段全满了，因此我决定顺延一周。

而这个决定，让我见证到一个奇迹，一个让人感恩与赞叹的奇迹。

妇人年轻时奉子成婚，丈夫继承了鱼市场的摊位，大半辈子都躲在铁卷门后赌天九牌，直到有一天她刮鱼鳞刮到一半，鱼全被人收走，才知道丈夫把摊位顶出去了，于是她从老板娘变成员工。

不过，这对她来说没什么差别，接送小孩时还是一样浑身鱼腥味。

女儿十岁时，祖厝直接被变卖套现，她决定离婚。但这个决定也没比较好过，因为女儿的抚养权判给了丈夫。为了照顾女儿，同时省房租钱，她还是只能与丈夫同居一室。直到女儿大学毕业之前，她都担任一所豪宅的管家，所谓生活就是一条直线，在豪宅与租屋处两点折返；回到家，另一个房间住的是这辈子最不想再遇到的人。

她没有任何可以诉苦的对象，她也不需要，她只需要钱，足够还给债主以及供女儿上大学的钱。

女儿大学毕业那天，她抱着女儿哭了，不是因为解脱，而是觉得自己已经不再被需要。她失去赚钱的动力，接着开始失眠，动不动就头痛，人也变得抑郁，最后不得已找上精神科，吃了一些药，然后休了两个月长假。

重返工作岗位后，经过豪宅夫人的引荐，她怀着忐忑的心情去了一趟精舍，几个月的随喜护持之后，她穿上紫衣进入神教，主子从贵妇换成大成就明师，定期至精舍禅修，成为忠实的信众。

这几年她依旧断断续续地服药，但只要能听“师父”弘法，听干部分享，她就感觉好多了，药物是吃心安的。只不过，女儿与前夫这几年开始阻拦她到精舍禅修，只要争执一起，她便选择吞药，这一次也不例外。

就在我决定顺延一周的期间，妇人瞒着女儿，利用周日偷偷溜去精舍，因此当她坐在我面前时，我见证了奇迹——容光焕发的外表，与主治医生口中的厌世嘴脸简直判若两人。她遣词用字也超级正向，状态好得不得了，好到连我都想跟她对调座位。

治疗一个人，已经是非常困难的作业，更何况是一群人。究竟是什么样的力量，能让这种弥漫式的疗效遍地开花。有没有一条明确的科学路径，能解释它的运作过程？

答案是有的。

“师父”之所以能横扫版面大半个月，成为现象级的存在，主要还是拜捐款争议及财务疑云所赐，扣除这两个有待商榷的新闻热点，它的内里其实与一般宗教无异。

与其写一篇批判“师父”私德的爽文，不如站在巨人的肩膀上，以科学的观点，厘清究竟是什么原因能让人不畏世俗眼光，前仆后继地挤进紫衣部队。

2017年12月的《国家地理杂志》曾提及关于信仰的科学，这个主题与我先前教过的社会心理学有部分重叠。

简单来说，能让紫衣部队誓死效忠的主要条件有两个，一是“安慰剂效应”，一是“从众效果”，而这两个条件放诸各种宗教皆准。虽然一听就觉得很头大，但没关系，我们慢慢讲解。

一、安慰剂效应

这部分非常好理解。什么是安慰剂，看字面意思也知道，就是晚上当你寂寞时拿来安慰自己的……别闹了！安慰剂常用于药物实验，作用是拿来对照疗效。

举例来说，如果要测试一款头痛药是否有效，我们可以找两个长期头痛的阿伯，一个给真药，一个给安慰剂（通常是维生素，没有任何疗效，但也不会伤身），但不跟他们说谁拿到真药。之后每天一颗，连吃一个月，两相对照后就能看出疗效，以这种方式来测试药效，最符合科学实验的精神。

但不幸的是，有时候还是会搞砸，因为它会引发所谓的“安慰剂效应”。也就是说，有人只是吃了安慰剂，却觉得头痛好很多，甚至不再头痛。一颗没有真实药效的药剂，却能改善症状，为什么？

因为，他们“期待自己能得到治疗”。而这种“期待”所产生的力量，诱发了正向情绪与荷尔蒙，缓解了原有的症状。

这不只发生在医疗现场，举凡宗教集会、直销课程甚至演唱会现场，都会上演这种现象。无论是名医、活佛，只要在你面前的人具有相当程度的威望，他的语言就能产生重量，那股重量足以让你产生期待感，不一定是期待被治疗，也有可能期待被激励或赞美，就算是普通的问候也行。同样一句晚安，妈妈每晚打来就够烦的，五月天阿信写出来就是一种黑夜的余韵。

基于这个理论，密歇根大学的博士班研究生托尔·维杰曾经做了一个关于安慰剂的实验，再配合脑部扫描技术，顺利勾勒出一条当人们身处安慰剂效应时，脑中会出现的路线。至于那条路线为何，容后再谈。

二、从众效果

想象一下，当你身处某个陌生场合，而现场情势不太明确，或是因缺乏指引线索，让你不知该如何行动时，你的第一反应通常是跟随多数人的方向走。为什么？因为“跟着大家走，比较不容易出错”，这种倾向就是从众效果。

当精舍里满满都是信众时，某种程度上，这已经是个“具有说服力的治疗现场”了，因为里头坐着的不只是人，而还是故事与见证。每一个虔诚的背影都在为这个集团背书，整齐划一的动作变成一种无形的规范。这样的氛围会凝聚成一股力量，它会让你更有信心去期待被治疗，期待得到帮助，但同时也会因为同侪压力，剥夺你独立思考的能力。

为什么不独立思考？

很简单，因为不需要。

当人们是因为“渴望人际关系”而进入团体时，独立思考是第一个丢弃的东西。提出异议是革命在做的事，这与他们进入团体的立场相悖，团体里只要有领导人给指令就够了。

当然，每个人的性格不同，也有那种比较铁齿又硬颈的少数个案，他们就是属于不畏同侪压力，选择独立思考并提出质疑的那一种。但往往都徒劳无功，因为联结群体的，不一定是领导者的信念或独特的教义，而是一种互依共存的感觉。这种感觉一旦成形，神祇都只是介质，而人们透过这个介质，互相捆绑，哪怕搬出教典也无法说服他们。群体不会轻易地让自己分崩离析，因此那些选择跳出来的人，最后都只能成立对抗群体的“粉丝”团。

于是，我们可以粗略地说，疗效或许来自“安慰剂效应”加“从众效果”。

现在轮到我们想象一下了。那个星期天，妇人下了公交车，走进熟悉的道场，虽然先前神隐一段时间，但大家还是很热情地招呼她，光是这一点，她就找不到缺席的理由了。

更幸运的是，那天“师父”有来，原本连续几次都只是高级干部的分享，因此当“师父”开口的那一刹那，她开始期待自己能再被疗愈，而且是发自内心地相信。此时，一条贯穿大脑的神奇路线，便从她脑中跃然浮现——

以她的前额叶（印堂后面那一块）为起点，它发出了粉红色的信号，信号一路通过杏仁核与下视丘，最后传到脑干，命令大脑释放“脑内啡”（Endorphin，一种天然类鸦片，可以把它想象成大脑的自制麻药），以及“多巴胺”（Dopamine，负责调控愉悦感受）。只要“师父”的话没有停，这些神经传导物便会源源不绝地出现，它们不但能抵抗疼痛，稀释抑郁的感受，还能增加正向情绪，绝对是居家旅行必备良药。此时她的大脑已经跟恋爱状态没什么两样了。

而上述神经化学反应，妇人称之为“妙转”。

只要有足够的期待加上坚定的信念，脑内啡就能做出一定的贡献。它的作用不是用来击垮癌症或病毒，它也办不到，但它能让你的疼痛或抑郁得到控制。与其说这是一种“治疗”，不如说是一种“自疗”。

此时，处于妙转状态的妇人看着周围的信众，每个人都在跟着音浪一起流动，因此她没有理由，也没有必要去质疑“师父”是否真的发功，毕竟放眼望去，随处都是值得信赖的参照目标，这更加深了妇人对治疗现场的信心。她只想着一件事，“只要跟大家一样，我也能被‘师父’

妙转”。因此即使是身体感应比较迟钝的信众，经过这样的集体暗示，也很容易掉进同样的状态，疗效于是在个体之间流转。

15 个小时之后，妇人把这样的状态带到我面前，拒绝了心理治疗。

整个过程，说穿了就是自体产生的脑内麻药与群众意志之间的交互作用，与其视为异端邪说，不如说是合乎科学历程的化学反应。

宗教是人民的鸦片，因为它是无情世界里的一丝人性，是涂炭生灵的一声叹息，这是马克思的名言。因此，我们该思考的是：究竟要面临什么样的情况，才会让人义无反顾地投身其中，让宗教成为她生活的浮木。

对妇人来说，心理治疗确实无能为力，因为没办法为她带来人际关系，而这正是她现在最需要的。

她花 20 年完成了一件艰巨的任务，没有培养任何兴趣，没有建立任何社交关系，睁开眼就是工作，闭上眼就在城铁上打瞌睡。面对这样的她，如果只能给“多运动，多去交朋友”这类冠冕堂皇的建议，那我更没有立场阻拦她进宗教团体，最起码这样做，可以让她不孤单。

或许，我们可以更宽容地去看待这样的选项。

我们可以喟叹，可以扼腕，甚至可以为她感到困惑，但只要是自由意志的选择，只要不犯法，旁人便无从置喙，毕竟很多人真正想要的不一定是高深的教义，而是群体间的温度。就算是自认旁观者清的我们，也逃不过这样的需求，差别只在于采取的路径不同，而不代表谁比较高尚，谁又该被挞伐。

于是最后，我想起林夕写过的一句歌词：

不一样的血肉之躯，在痛苦快乐面前，我们都是平起平坐。

别再叫抑郁的人加油了，他们身上没有加油孔

自怜就请认真地自怜，
好好沉浸在这段缓冲里。

我很幸运。当兵时我担任心理辅导员，不用出操，不用穿军服，是个冷气永远吹不完的爽缺。那时冷气吹的不是体温，而是优越感，即便我只是个有心理辅导官在背后撑腰、狐假虎威的菜兵，依旧让同人们羡慕得要命，每个都愿意拿身家跟我交换，于是那年夏天我多了一堆干弟。

我服务的单位叫“心卫中心”，在军中它等于另外两个字：天堂。但是，进天堂是有代价的。

在军中，领很多钱，准备被重用一辈子的叫“志愿役”；领个几千块，每天巴望退伍的叫“不愿役”。这两种人有个交集，就是体味都很浓郁。好，不重要，重要的是他们都很抑郁。

这群人会在每周五的下午，把各自的抑郁塞进一本叫“大兵手记”的册子里，由辅导长进行检测，一旦含量超标，这本军旅怨史就会像证物一样被写上编号，放进夹链袋，由专人送往心卫中心，交付心辅员进行辅导访查。也就是说，摆在我们桌上的夹链袋，都是厌世圈的精英、抑郁界的霸主，而心辅员的任务，就是负责稀释这些手册的怨气浓度，降低他们再度被装袋的概率。

怨气无色无味，即便穿上防毒装备也是枉然，心辅员长期暴露在怨气满盈的实验室里，唯一能做的只有相信自己的身体，这就是吹冷气的代价。为了吹冷气，只能吸怨气。

现在想想，军营就像个厌世博物馆，展示着各种抑郁的状态。根据我们手上这本厌世备忘录，可大致将抑郁类型分为以下几种：兵变、被禁假、业务太多、学长拗公差[1]、内裤晒不干、胯下长湿疹，或是隔壁一直打鼾等。还有个家伙每次都会以“绝笔”两个字作结，通常会写绝笔的人都还有些幽默感，因此我们不太担心他的存亡。而这些大兵手记的结尾处，都有辅导长的心灵眉批（“你已经做得很好了”之类的），最后配上两个大大的红字：“加油！”

加油的目的是什么？不太确定。

1. 拗，中国台湾地区口语，意为占别人便宜。较晚入伍的人称资历较深的人为学长，前者常常会被后者叫去在非公务时间做公务，或是占用私人时间做公务。

我能确定的是，绝对不会有人被这两个字激励。但也不会有人觉得被敷衍，因为我们都清楚，抑郁这种情绪，不是军阶能够安抚的。抑郁就像一颗让人疲于应付的快速直球，可怜的心理辅导员每星期都要面对成千上万颗，他知道自己不是千手观音，但至少还能留下这两个字，试着把句号画得圆滑一些。

因此，“加油！”＝“虽然不知道该怎么安慰你，但希望你一切都好！”

对于一般大兵而言，这两个字是个可接受的结局，毕竟只要把军营大门打开，他们的怨气就会一扫而空，开门放假比什么神药都有用。

但对于抑郁症患者而言，加油这两个字就显得有点捉襟见肘了，这与他们所展现的“态度”有关。至于道理为何，容后解释。

重度抑郁症（Major Depressive Disorder）有很多成因与种类，大致分为“生理因素”与“社会心理因素”。

生理因素包括更年期、甲状腺机能低下（Hypothyroidism）以及神经传导物含量过低等，其中最常与抑郁症连在一起的神经传导物，叫作血清素（Serotonin，简称 5-HT）。血清素由中缝核（Raphe Nuclei）分泌合成，然后传到大脑各区域，它对于大脑最重要的功能，就是“稳定心情”，一旦含量减少，后果可想而知。因此主流抗抑郁药物的作用，就是全力阻止它们被突触前神经元回收，以一种绝不放手的姿态抱腿死命挽留，这种强行堵住去路的霸道药剂，通称“血清素回收抑制剂”（Selective Serotonin Reuptake Inhibitors，简称 SSRI），其中最具代表性的就是百忧解。

除了生理因素，也可能是职场霸凌、人际疏离、经济困境或情感失落等社会心理因素，造成抑郁。根据《精神疾病诊断与统计手册》第 5 版，抑郁症状有九项，包括失眠、暴瘦、动作迟缓以及自杀意念等，倘若把这些症状串联成一个有点绝望的剧本，大概会长得像这样子：

你已经待业四个多月，而待业最恐怖的不是没收入，而是让人习惯没收入。

你打开计算机，有一搭没一搭地投履历，举目所及都是无聊的职缺，你不太清楚自己适合什么工作，你只知道这些工作都不适合你，从来没人问过你想做什么，你也没思考过这个问题，只是不想再被谁使唤。

房子退租后，你窝在家里啃老本，每天行尸走肉，脑袋装铅，饭也吃不下，只想龟在床上数天花板的裂痕，然后开始变瘦，但绝对不是会被称赞的那种。

家人不动声色，把失望写在眼神里，这让你确认自己的价值正在流失，于是到了夜晚，梦境成为一种折磨，失眠则成为解套的选项。

你拿起电话，对着硕果仅存的闺密、基友[1]承认自己没用，但这些告解听起来比较像在抱怨，成分只剩老哏与泪水，对方无论怎么苦口婆心都被你无视，于是你的 iPhone 最后只剩下一个功能，就是囤积各种已读不回的信息。为什么？因为大家受够了。

这时候，你就会觉得没有活下去的意义了。

有些抑郁症患者之所以让人闻风丧胆，并不是因为抑郁这个症状，而是他们面对抑郁时所展现的“态度”。这些态度大抵可归类为“不想变好”以及“别人不懂我”这两点，光是这两点，就足以让试图安慰的人感到身心俱疲。

一、不想变好

这现象有个专有名词，叫作“病人角色”（Sick Role）。意思是说，病人能借由投入这样的角色，合理地撇除社会责任，并需索某些好处，譬如他人的关心、削减工作量等。糟糕的是这件事做久了会觉得很合理，因为恢复正常并没有好处。可惜朋友的暖心并不会无限供应，毕竟每个人都会对自己的安慰能量有所期待，一旦发现自己一直做白工，他们就会放弃安慰。

1. 基友，网络用语，本指男同性恋者，后多指亲密的男性朋友。

二、别人不懂我

这是一种归因上的偏误，归因（Attribution）指的是“一个人如何看待事发的成因”。患者在极度抑郁的时候，会产生内归因，把矛头对准“自己”，翻成白话就是那句：“对，都是我不好！”我坚信要是把这句话当成书名，里头就算包一本食谱也会卖翻。然而在一般情绪低落的时刻，他们可能会对人缘不佳这件事做出外归因，将矛头指向“他人”，譬如：“抑郁症本来就是这样啊，身为朋友，多一点包容很难吗？”由此可见，这样的归因系统有个漏洞，就是过度极端。

当然，不是每个抑郁症患者皆会如此，即使如此，亦非刻意为之。坦白讲，他们也不想这样，只是人一旦变脆弱，就会高估旁人的极限，忘记那些怨怼足以让人崩溃。因此，有些抑郁症患者会有个想法：“抑郁也是一种残疾，为什么大家都能包容残障人士，却不能包容抑郁症？”

但事实上抑郁跟一般生理残疾不同，它是一种情绪，而情绪通常具有“传染力”，也就是说，与抑郁的人相处，会让人开心不起来，就算千锤百炼的心辅员也一样。很多人其实并不讨厌抑郁的人，也能理解对方的无助，但他们更怕被感染，毕竟修复情绪十分耗能，谁也不想被扫到台风尾，因此最后只能说句“加油”，腰斩这场没人想继续下去的心灵讲座。也就是说，这是一句已走到尽头的慰语。

而压垮抑郁症患者的最后一根稻草，通常就是那句“加油”，因为这让他们确认自己真的被放生了。

不过，这不代表世界末日。

台湾的抑郁症人口不算少，据统计，2016 年，全台大约有 121 万人使用抗郁剂，这比例算是跟得上全球动态。除了服药之外，其中有些人碍于病情与现实，不得不屈身巢穴，希望大家再多给他一点时间。这个选项没有问题，选择缓冲并不代表放弃。也有些人在洗澡时确认了一件事，那就是自己身上并没有加油孔，于是选择拯救自己，因为仰仗旁人的慈悲，没办法把自己带到疗程的终点。

然而选择拯救自己，不是一个简单的选项，不是打个钩就完事。因为在旁人眼中，拯救自己是一件本来就“应该”要做到的事，但对多数抑郁症患者而言，继续抑郁才是他们本来应该有的反应。当念头两相僵持时，病程就没有尽头，毕竟不是每个人都有勇气面对症状。

倘若你还没心理准备领心理科的号码牌，或是敲心理会谈室的大门，那也无妨，在那之前，你可以再沉潜一段时间，抑或试着做以下这几件事：

一、把故事说清楚

想找人洒泪，也是讲条件的，最起码得把故事讲清楚。根据我们往常与抑郁症患者打交道的经验，有一类最常被拒于门外，那就是“我也不知道自己为什么这样？”的类型。所谓“不知道”，有好几种可能。一种是抑郁成因甚多，一时之间千头万绪，因此“不知道”该从何说起。另一种“不知道”则是因为拒绝思考，一心只想让泪腺发挥实力。

倘若是前者，我会帮他做一件事，就是把“我不知道耶”这五个字，重新设定成“我再想想看”。因为这五个字，通常是重大事件的灯标，灯一亮，代表挖到宝了，这时我会抛出引导句型，然后关掉自己的声音，把时间留给他。

但如果是后者，一来就准备哭到饱，没有丢出任何语言的案主，通常到第三次疗程，我就会准备收尾或转介。因为这种案主通常不是想被人理解，而是只想被人看见自己的委屈，这一点往往与治疗目标相悖。

倘若你当时脑袋一片混沌，完全吐不出故事时，可以试着把“我到底失去了什么？”这个问句当作线头，慢慢拉出一段情节。因为抑郁大多源自“失落”的事件，失去的可能是物质，也可能是某段关系，以这个问句开展，就能慢慢梳理出前因后果。

相较于缺乏起承转合的泪水，好好讲个故事，无论是对自己或是对对面的倾听者来说，都是比较实际的开场，毕竟对方必须掌握足够的线索，才有条件在脑中形成画面，然后把你的样子放进去。

二、做好功课

大部分预后（Prognosis，对于未来病情的预测）良好的案主，至少都做到了同一件事，那就是“情搜充足”。关于抑郁症的情报，在网络上都是透明的文字与图片，但信息如海，该从何下手？

首先，请先试着对照“症状与病程”，了解自己究竟离基线多远。

很多时候，重要的不是症状，而是它们的“发生频率”与“持续时间”。人都有情绪，而情绪就和饮酒量一样，过量与否才是重点。小酌与豪饮的差别，就是一般低落情绪与抑郁症状的距离。厌世也是日常的一部分，别急着给自己贴标签。

第二，查清楚什么是“认知扭曲”（Cognitive Distortions）。对于抑郁症患者而言，这是一组非常好用的模板，大约有至少八组模板，每组的目的都是用来确认“谁能比我惨”这件事。不幸的是，确认这件事没有任何好处，比别人还要早一步嘲讽自己，这种领先毫无意义。再者，这组模板本身就很歪斜，没有任何矫正功能，以这种镜片看世界，迷路也是迟早的事。这组模板，是把厌世患者推向悬崖的幕后黑手，要改变不容易，但至少先搞清楚它有没有架在你的鼻梁上。

八种认知扭曲模板，全都有毒

“认知扭曲”，往往是想法出现问题的元凶，这是由认知行为治疗之父贝克医生（A. T. Beck）提出来的见解。简单地说，它就像安装在我们大脑中的一套模块，里头至少有八种模板，每种都有毒，一旦安装，立马感染。

它们的作用也很明确，就是扭曲我们的“判断与思辨能力”。这些扭曲的想法，一般人也会出现。但若在身心抑郁的状态下，再透过这些模板来看世界，便很容易延长抑郁的发作时间。

不过别担心，解毒的第一步，一定是先检查症状。倘若不幸中奖也没关系，起码你还能知道自己哪里不对劲，但是否要起身解毒，全看自己的决定。

现在，请好好检查自己中毒了没。

- 二分法思考（Dichotomous Thinking）：这个模板只有两种颜色，白跟黑，而且九成都是黑色，没有灰阶，没有缓冲，成败相隔一线。因为当人抑郁的时候，思考的弹性就跟条线一样细，然后会义无反顾地把自己推向黑色那一边。

- 过度类化（Overgeneralization）：这个模板有种玉石俱焚的倾向。它的作用是让你在某个领域表现不佳后，心一横，骨牌一推，连同其他领域一起拖下水，直到自信心全盘灭顶。这时你就能大声说一句：“我真的什么也做不好。”

- 选择性摘要（Selective Abstraction）：这个模板就像一面滤网，而且还很称职。透过这面滤网，你可以将关于自己和这个世界的正向信息全都过滤掉，把杂质留下来，然后深信那一大坨就是自己的人生。因为当一个人抑郁的时候，他只想跟每个人比赛，自己收集了多少人生杂质，然后成为一个没人想跟他合照的冠军。

● 随意推论(Arbitrary Inference)：这个模板非常任性，一旦套用，你的求证能力便会被自动关闭。因为抑郁的时候，觉得被讨厌就是被讨厌，觉得被否定就是被否定，我们不需要实质证据，不在乎思辨逻辑，完全以偏见为基准。

● 灾难化思考（Catastrophizing）：这个模板一听名号就知道怎么用，但你以为用了它之后，凡事就会往最坏的方向想吗？错了，根本是往世界末日的方向想。

● 标签化（Labeling & Mislabeling）：这个模板就像一台自动贴标机，按下开关，只要经历一次负向事件，我们就会开始帮自己贴标签，只可惜贴的不是勋章，而是“心酸”。

● 夸大或贬低（Magnification & Minimization）：这个模板和放大镜完全相反，它的作用是让一个人变得渺小，原理很简单——“放大”自己的缺失，“贬抑”自己的长处，让存在感降到最低。因为当我们抑郁时，比起加分，我们更乐于帮自己扣分。

● 个人化（Personalization）：这个块模板是模板中的王者，扭曲界的烈士。一旦决定使用，任何人的过失你都不会看在眼里，因为一切都会变成自己的错。你会在大家卸责时挺身而出，一手揽下所有的错，没人能跟你抢。等到日子一久，你就会改用“全都是我的错”来跟每个人打招呼。

第三，试着了解“药物的作用”，以及它会在治疗中扮演什么角色。依据不同的工作性质与生活形态，药物需求也因人而异。精神科药物绝对不是禁忌的议题，成分、副作用以及药理机制都是写在书上的专业知识，单线治疗与双线并用（合并心理治疗）各有市场，事先预习，有助于提早进入疗程。

三、自怜可以，但请适度使用

抑郁的人之所以认为自己最惨，是因为他对“自己”“世界”以及“未来”这三方面都感到绝望——这就是著名的“认知三角”（Cognitive Triad）理论，困在这个三角形，比被困在百慕大三角还让人绝望。

因此当你有那么一点想“请允许我悲伤”时，不要客气，请尽量，但不要一边自怜，一边又妄图振作，这是不可能的。自怜就请认真地自怜，一次做好一件事，好好把自己压进悲伤，好好沉浸在这段缓冲里。

但重要的是，千万不要期待这时候有人来拉你一把，因为这时候的你肯定不好伺候，想讨拍却又骄矜，别扭得要命，气场势必恶劣，敢跟你交手的大概只有房东而已，因此不需要再拉一个人陪葬。

要不要变好是一个选项，不是规定，但只要是选项都会有代价。你只需要提醒自己，缓冲时间愈久，起身就愈花力气。

四、认清朋友的立场

许多短命的人际关系，都是从抑郁症开始的。原因在于，每个人对你的倾听，都不是理所当然，而是源自你先前的人际资产。只不过你手上没有这本存折，没有实际的数字吞吐，看不到人情的交易记录，因此浪费了这些额度。

若希望朋友倾听，我会建议“直接说明需求”，不要让对方猜，因为你就是在等他猜错而已。需要取暖，就说“陪我骂，不用给意见”。愿意冷静，就说“我想听听你的意见”。感性与理性，一刀划清。

但若是想听意见的，记得把“你说的这些我都试过了，但我就是做不到啊”之类的傲娇话吞回去。没有谁生下来就会安慰人，面对你的处境，他们也有自己的价值观，他们并没有那么常处理情绪危机，一旦说出让你觉得打不中要害的话，也只是刚好而已。

朋友的倾听，珍贵之处不在于回话的质量，而是他愿意付出时间成本，与你的烦恼共存。话不一定能说到心坎，但人至少都在你身边，请好好善待这些人，你的每个举动都会决定他们的去留。

五、工作是最实际的解决

这个建议比较适合对工作举棋不定，或是工作持续度不佳的案主。对于抑郁症患者而言，工作最显著的回馈不是薪资，而是“产能”。

产能就是生产能力，这直接影响一个人的自我价值与自尊，翻成白话就是：“我还有什么用？”而抑郁症患者通常就是因为找不到问号后面的答案，于是让自己跑进了诊断里面。

其实答案并不复杂，能够养活自己，就是一件有用的事。当然，人生不是只有工作能证明这件事，工作是其中一种，重点是“起身去做”，真切感受到自己做到了一件事，比一直在脑中幻想着自己做不到一堆事来得强。

不可否认，对于许多抑郁症患者而言，鼓起勇气踏进医疗体系，似乎只是为一场慢性抗战吹响号角，然后把自己送进漫长的战线。这确实令人苦恼，但不用绝望，因为抑郁症患者教会我最重要的一件事，就是“疗愈往往是在日常中不知不觉地达成的”。

抑郁就像一条失落之路，然后被一支讨厌的笔不断延长终点，一路看到的都是遗憾与错身。然而，正因为这些失落，才提醒了我们什么才是重要的。遗憾的作用，正是让珍贵的事物浮出水面，让我们学会珍惜，避免下一次的错。人的能量，很多时候是从伤痛与挫折中磨出来的，当力量可以从身体里面长出来时，我们就不需要再帮体表开个洞，就像乐团“Tizzy Bac”（铁之贝克）的这段歌词：

这是我们能感到的痛
才能永远牢记心中
受过了伤，蹉跎了时光
然后学会坚强

后记

我会变成这样，都是“它”害的

我要控诉的，不是一个人，而是一场研讨会。

2017年4月，我在台湾大学参加了为期两天的“台湾临床心理学会年会”，这样的年会俗称“大拜拜”，一年拜一次，除了补脑补血（执照积分），还能顺道与朋友叙旧。那时的我，是一个执业将近九年的临床心理师，没什么重大成就（现在还是），每天窝在象牙塔里的会谈室，消化着没有尽头的心理评估报告与会谈纪录，再目送它们兑现成健保点数[1]。

自从高中的导演梦被老爸打枪（如今看来，这是一颗很正确的子弹）之后，我转投心理系，一路念到研究生。历经七年养成教育，我进入医疗体系，几年滚打摸熟游戏规则，才发现以前课本上教的变得不太管用了。因为我们付出的，并不一定能转换成有效的产值，而产值决定了价值，于是我慢慢陷进一种不知该如何是好的状态。如果将这种状态浓缩成两个字，就是“卡关”。

我和同为临床心理师的妻子一起出席了年会的主题论坛，主题为

1. 中国台湾地区的医保称“全民健保”，健保点数是医院向健保局申请相关医务费用的使用单位。某种程度上，医务人员使用的健保点数可视为“业绩”。

“创意发展 & 临床心理”。为时 100 分钟的演讲，主讲人个个大有来头，全是知名粉丝专页的主理人，包括：负责策划的黄天豪心理师、专擅亲职教育的陈品皓心理师、“心理师想跟你说”的苏益贤与丁郁芙心理师，以及“睡眠管理职人”的吴家硕心理师。

然而，听完演讲之后，我心情低落了一整天，我想我后来会变成这样，应该都是这场研讨会害的。

这些演讲者不走寻常套路，而是进行跨业合作，策展文创，以更贴近民众的方式，把临床经验与心理学知识交到他们手中。在医院，我们被动接收患者；在社区，他们主动递出橄榄枝，两者的差别在于：一个在学校有教，一个在学校没教。学校没教的事，这群人却做到了，无论是前辈或后进，全都成了中流砥柱，这让我感到汗颜。由于整场演讲的后坐力强悍，逼得我不得不检视自己以前在工作中留下的重要资产——会谈笔记。

我一向习惯手写记录，笔记累积至今约达十本，里头有成千上万则故事。我重新翻阅，再次去感受这些故事的文理，倘若要把知识推向社区，眼前的笔记本就是个绝佳的起点，而我一直都站在上面，只是自己浑然不觉。于是同年 7 月，在妻子的支持下，我成立了粉丝专页“临床心理师的脑中小剧场”，然后很幸运地就——一路被“害”到现在。

这件事首先伤害到我的肝。这一年多以来，我生活的缝隙几乎都拿来产出文字，每天通宵赶稿，痛苦的不是书写，而是灵感的无常，常有肝肠寸断的体味，于是逐渐明白原来写作也是靠天吃饭的一种。

再来害到我的信心。因为一路往下写，才发现自己的脑袋有多么匮乏，许多被我忽略的故事必须更新、翻修，许多专业知识必须重新填装，让它们从冷硬的知识变成温润的情节，从佐证病情的文字变成一个人的形状，个中历程如人饮水。

故事上线之后，又害到我的人际关系。由于生性不太温驯，应对又不照本宣科，文字意念一旦飞驰，难免伤及无辜，虽有妻子监督把关，但仍有失手之时，“粉专”[1]能存活至今，端赖众读者海涵。

最后，害到我和家人的相处时间。没有妻子和孩子的包容，我大概只能坚持两个月，然后打死不承认我经营过粉专。我想，既然被害到无法脱身，只好继续往下坚持。

感谢那场研讨会，害我成为一个开始学会反思的临床心理师，学

1. 粉丝专页，专为生意、组织或名人而设，从专页中，粉丝可以知道有关生意、组织或名人的各种资讯。

会在每一次会谈与评估时，更细致地去触摸故事的经脉，感受其中的温度。虽然为时稍晚，但总算开始起步。

与此同时，感谢宝瓶文化的知遇之恩，让我的文字出现了厚度。感谢父母与老弟，一直以来支持我的文字。感谢挚友李为阳先生，虽然这样讲我一定会吐，但你是我的缪斯男神。感谢蔡宇哲老师情义相挺，倾尽溢美之词，帮我写了一篇读者见到本人一定会失望的完美推荐序。感谢每位读者的支持与回馈。感谢会谈室里的每一个生命经验，让我更珍惜自己的生命经验。感谢老婆与两个孩子，你们是我最强而有力的后盾。特别是此时身怀六甲的老婆，这段日子辛苦你了，谢谢你，一路相信我。

人生有许多风景闪瞬而逝，但即便错过黄昏，我们还能拥有夜晚。